民族传统村寨、民族建筑丛书

季刀苗寨

——一个苗族村落的村寨聚落和建筑风格

王展光　蔡　萍　潘昌仁　著

西南交通大学出版社
·成　都·

图书在版编目（ＣＩＰ）数据

季刀苗寨：一个苗族村落的村寨聚落和建筑风格 /
王展光，蔡萍，潘昌仁著. 一成都：西南交通大学出版
社，2020.9

ISBN 978-7-5643-7634-5

Ⅰ.①季… Ⅱ.①王… ②蔡… ③潘… Ⅲ.①苗族 –
民族建筑 – 建筑艺术 – 凯里　Ⅳ.①TU-092.816

中国版本图书馆 CIP 数据核字（2020）第 170515 号

Jidao Miaozhai
—Yige Miaozu Cunluo de Cunzhai Juluo he Jianzhu Fengge

季刀苗寨
——一个苗族村落的村寨聚落和建筑风格

王展光　蔡　萍　潘昌仁　著

责 任 编 辑	陈　斌
封 面 设 计	原谋书装
出 版 发 行	西南交通大学出版社
	（四川省成都市金牛区二环路北一段 111 号
	西南交通大学创新大厦 21 楼）
发行部电话	028-87600564　　028-87600533
邮 政 编 码	610031
网　　　址	http://www.xnjdcbs.com
印　　　刷	四川煤田地质制图印刷厂
成 品 尺 寸	185 mm × 260 mm
印　　　张	11.5
字　　　数	266 千
版　　　次	2020 年 9 月第 1 版
印　　　次	2020 年 9 月第 1 次
书　　　号	ISBN 978-7-5643-7634-5
定　　　价	88.00 元

  传统村落，又称古村落，是指村落形成时间较早，原有格局和环境尚未有较大改变，并且保存相当数量的古建筑群，传统习俗、民间艺术等传统文化保存较好，具有一定历史、文化、科学、艺术、经济、社会价值，应予以保护的村落。[①]截止到 2019 年 12 月，全国共有五批共计 6 819 个村落入选"中国传统村落名录"。数量庞大的中国传统村落，形成了世界上规模最大、内容价值最丰富的活态农耕文明聚落群。从全国境内五批 6 819 个传统村落分布及数量来看，贵州传统村落数量位居第一，共 725 个。贵州黔东南州是传统村落的集中区，共有传统村落 409 个，占贵州传统村落总数的 56.4%，占全国传统村落总数的 6.00%，在全国所有地州市中排名第一。[②]

  黔东南州是我国传统村落分布最为集中、保存最为完好、最具特色的地区之一。黔东南传统村落主要以苗、侗民族村寨为主，千百年来，这些以苗、侗聚落为主的传统村寨传承着原生态的农耕劳作和起居形态，同时也创造出丰富多彩的民族和地域文化，体现着黔东南少数民族的历史文化与精神内涵。黔东南传统村落主要分布于以雷山县、台江县为中心点的苗疆腹地，以及以黎平县、从江县、榕江县为中心的黎从榕侗族聚居区，数量最少的为位于黔东南州北部的汉族聚居区。在全国共五批传统村落集中县域排名前十中：黔东南州黎平县传统村落数量 98 个，位居第二；从江县传统村落数量 81 个，位居第四；雷山县传统村落数量 68 个，位居第六。

  苗族先民为了躲避中原战乱，向西南迁徙，从武陵山区沿澧水、沅江而上，进入湘西、黔东南等地。黔东南地势复杂，沟壑纵横，山峦延绵，江河湍急，悬崖峡谷随处可见，正因为如此，这里才成为苗族迁徙的最后领地。苗族村寨空间分布的主要特征是依山而建，择险而居。集中在一起的民居层层叠叠，鳞次栉比，形成屋包山之势，背靠大山，挡风向阳，正面开敞，视线辽阔。部分苗民因安全防御需要，选择山巅、隘口、悬崖等地势险要之处安寨，以便居高临下，可退可守。就此形成了以苗族传统村落为代表的建在山腰和山顶之上的古老村寨。

  季刀苗寨位于苗族大本营地区，具有较为典型的苗族村寨特点。据当地人口述，季刀苗寨由三个村寨组成：季刀上寨、季刀下寨和高坡苗寨，三个寨子由共同祖先繁衍迁徙而成。季刀苗寨依山傍水，因地制宜，民居建筑与百年古道、百年古树、百年粮仓、百年古歌等文化要素自然和谐地融于山水之中，风景秀丽，苗族风俗淳朴浓郁。

---

① 冯维波. 重庆民居：上：传统聚落[M]. 重庆：重庆大学出版社，2017：250.

② 潘雪. 黔东南州共有 409 个村落被列入中国传统村落名录[EB/OL].（2018-12-28）. http://gz.people.com.cn/n2/2018/1228/c383899-32465212.html.

本书以季刀苗寨的三个村寨为主要研究范围，从村寨概况、村寨选址与布局、村寨居住建筑、苗族建筑营造文化、民间习俗及传统文化、学校教育与文化传承等六个方面展开具体的梳理与分析，较好地体现了季刀上寨、季刀下寨和高坡苗寨的村寨特点和人文风俗习惯。通过对季刀苗寨的分析，可以较好地展示黔东南苗族村寨特点，体现苗族在长期生活中与自然环境和谐共处的聪明才智和生存智慧。中国传统村落蕴含着丰富的历史价值、艺术价值和文化价值等，通过对传统村落的研究，有利于继承和发扬黔东南多民族的优秀文化传统和民族智慧，展示黔东南民族文化风貌。通过对相关村寨的详细分析，立足于每个村寨实际，在生产保护的基础上，挖掘和发展每个村寨的特色文化和产业，可以增强传统村落旅游魅力，实现传统村寨可持续发展。

本书由贵州省科技计划项目"黔东南民族建筑营造技法及产业化研究中心"（课题编号：黔科合 LH 字〔2017〕7169）资助出版。另感谢一起去季刀苗寨开展田野调查及为本书提供相关材料的师生。

由于时间仓促、作者学识水平限制，书中难免有不足之处，敬请广大读者不吝赐教。

凯里学院教授、博士　王展光

2019 年 12 月 12 日

Contents 目　录 ------------------

第1章　村寨概况

1.1　季刀苗寨概况

　　季刀苗寨所在地自古以来即为少数民族聚居区域。春秋属南蛮胖柯国。战国属夜郎且兰国。秦汉属且兰县。隋属宾化县。唐属宾化、新兴二县。宋为绍庆府下羁縻州。元为麻峡县和播州所辖。[①]明清属清平县。季刀苗寨现归凯里市三棵树镇排乐村的平乐村委会管理，距离黔东南苗族侗族自治州（以下简称黔东南）首府凯里市东南部20千米。原来季刀苗寨分上寨（当地常称呼高坡）、中寨、下寨，后来村寨重新划分命名，现为：高坡苗寨、季刀上寨、季刀下寨，见图1-1。按照三个寨子的口述历史，寨中杨姓、潘姓是从江西搬迁而来，先迁徙到湖南湘西一带（怀化），然后搬到黔东南天柱，最后在凯里荒寨定居。后来由于觉得环境不好，潘氏三兄弟分别搬到了现在的高坡、季刀上寨和下寨位置，经过几百年的发展形成了现有规模。季刀村现已和当地其他十几个村寨合并为平乐村。

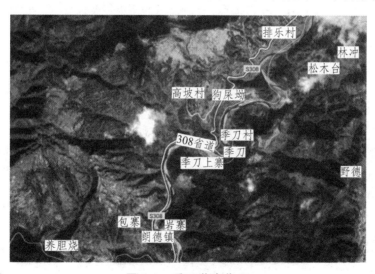

图 1-1　季刀苗寨位置

　　高坡苗寨、季刀上寨、季刀下寨在巴拉河中部形成三足鼎立的形态，遥相呼应，见图1-2。季刀上寨和季刀下寨位于巴拉河畔，对称分布在季刀大桥两侧，高坡苗寨高高位

---

① 贵州省凯里市地方志编纂委员会. 凯里市志：上[M]. 北京：方志出版社，1998，12：52.

于对岸的高坡之上。季刀上寨现有村民 110 户左右,主要姓氏为潘姓和黄姓;季刀下寨现有村民 146 户,全部姓潘,又称潘家寨;高坡苗寨人口最多,有村民 400 余户,主要姓氏为潘姓、黄姓和杨姓。

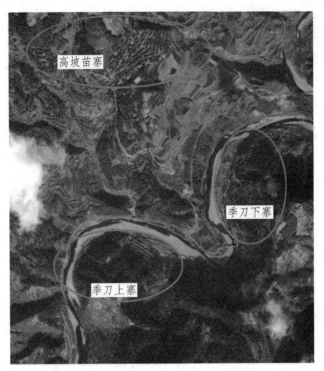

图 1-2　季刀上寨、季刀下寨和高坡苗寨位置

　　季刀上寨、季刀下寨沿山而建,依山傍水,风景秀丽,苗族风俗淳朴浓郁。从村落布局来说,季刀上寨是沿河一侧河谷平坝及缓坡组团型,寨子沿山谷两旁居住,呈三角形状,村后依山。季刀下寨为沿河一侧山麓带状型,其前临河,依山而建,由于山体坡度较大,整个寨子沿巴拉河呈带状分布,层层向上发展。村寨有三棵古老的柏树,其中最大一棵需要三个人才能环抱;寨前是一片水田加河流。

　　高坡苗寨位于巴拉河对岸的高坡上,整个寨子沿山坡而建,是典型的山地组团型村寨,村寨的后面上山有一片村民引以为傲的古树林,据说这是巴拉河流域最大的古树林;高坡苗寨有历史悠久的高坡爬坡节,活动有赛马、斗鸡等,内容丰富。

1.1.1　地理位置

　　位于巴拉河畔的季刀苗寨,地理位置坐落于东经 108 度、北纬 26 度。"巴拉"是苗语的发音,意思为美丽、清澈。巴拉河是长江支流中沅江上游河段清水江的主要支流,源于贵州雷公山,流经黔东南苗族侗族自治州的凯里市、雷山县、台江县等县市,最后与其他河流汇合注入清水江。沿巴拉河流下,在上游的为季刀上寨,在下游的为季刀下寨,在上寨和下寨隔河相望对面山上的为高坡苗寨。

1.1.2 地形地貌

季刀苗寨地处云贵高原向湘桂丘陵盆地过渡的斜坡地带，地表为变余砂岩、凝灰岩、板岩等组成的脊状中山。地势南部略高，北部略低。[①]地貌以侵蚀构造为主，并伴有石灰岩岩溶类型。巴拉河从寨子旁流过，从河漫滩到山脚至缓坡是砂页岩、板岩风化物形成的黄沙泥土，缓坡至山腰处有厚层硅铝质黄壤，山岭至山顶有中层薄层硅铝质黄壤，陡坡处有零星的幼年黄壤。

1.1.3 气候水文

气候与水文是季刀苗寨的地域自然环境的重要组成部分，影响着苗家人的生活与劳作。季刀苗寨的气候属中亚热带季风湿润气候区，降水丰沛、多云寡照、冬无严寒、夏无酷暑、气候温和、无霜期长。其水文主要受巴拉河和地下水的影响。

1. 降水量

季刀苗寨所处地域有明显的多雨期和少雨期，多雨期是 4 月至 10 月，降水总量占年降水量的 82% 至 84%，降水量以 6 月份最多，为 206 至 214 毫米。少雨期出现于 11 月至翌年的 3 月，降水总量占年降水量的 I6 至 18%。12 月份降水量最少，仅 26 至 31 毫米。[②]

2. 热　量

热量是自然界动植物生长的必要能量，据气象资料记载，季刀苗寨年平均气温在 13.6~16.2℃，气温的年变化曲线呈单峰型，最热月份是 7 月，平均气温为 23.2~25.8℃，[③]春、秋两季气温暖和。

3. 光　能

季刀苗寨处于全国日照低值区。多年日照时数平均值为 1289.1 小时，仅占全年可照时数的 29%。全年中日照最多的是 7 月和 8 月，两个月的日照时数占全年总日照时数的 29%。最少是 2 月份，仅占全年日照数的 4%。水稻生长期（4 月至 9 月）日照时数共 858.1 小时，占全年总日照数的 67%。

4. 水　文

凯里市境共有河流 56 条，季刀苗寨附近就是河流就是巴拉河，"巴拉"系"平乐"的苗语近音。巴拉河系苗语音译名，旧称九股河、排乐河，发源于雷公山，过境 42 千米，流域面积 234 平方千米，多年平均流量为 4.26 米^3/秒，水能蕴藏量为 0.55 万千瓦。由于季刀苗寨所处地方岩溶面积较大，所以其地下水源较丰富，年排水量约 1.4 亿立方米。[④]

---

① 凯里市人民政府 贵州省凯里市地名志[M]. 内部发行，1989: 69.
② 贵州省凯里市地方志编纂委员会. 凯里市志[M]. 北京：方志出版社，1998: 136.
③ 贵州省凯里市地方志编纂委员会. 凯里市志[M]. 北京：方志出版社，1998: 134.
④ 贵州省凯里市地方志编纂委员会. 凯里市志[M]. 北京：方志出版社，1998: 140.

1.1.4　农作物种

季刀苗族农作物品种有粮食作物、经济作物和蔬菜。粮食作物有水稻、包谷（玉米）、小米（粟）、洋芋（马铃薯）等。经济作物有油菜、茶叶、花生、蓝靛等。蔬菜有辣椒、南瓜、青菜、韭菜、广菜、西红柿、萝卜、葱等，种类较丰富。

1.1.5　民族、语言

生活在季刀苗寨的本地人都是苗族，明、清时期，因经商及逃难来到季刀苗寨的汉人，其后裔或与当地苗族杂居，或与当地苗族通婚，进而融合也成为苗族人。语言以苗语和汉语为主。新中国成立前，本地苗家人以说苗话为主，无苗文。境内苗语属汉藏语系苗瑶语族苗语中部方言北部次方言北部土语，带挂丁片方音。[①]新中国成立后，随着教育特别是学校教育的不断提升和普通话的普及，当地人的语言以汉语和汉字为主，辅之苗语或苗文。现在会说苗话的主要是中老年人，"90后"会说苗话的逐渐减少。

1.2　中国传统村落——季刀上寨

1.2.1　村寨自然环境

季刀系苗语音译，意为深潭，因寨脚巴拉河中有深潭而得名。季刀上寨坐落在山脚、巴拉河畔，依山傍水，古树参天，建筑古朴，风景秀丽，吊脚楼木房错落整齐，坐东朝西，呈三角形。寨中有 110 余户，近 500 人，主要为潘姓和黄姓。2004 年，季刀上寨被贵州省列为巴拉河乡村旅游区的村寨之一，有百年粮仓、百年步道、神仙洞、埋坛山、牛马脚印、鼓藏场等景点，隔河为凯榕公路，见图 1-3。2014 年，季刀上寨入选第三批中国传统村落名录。

图 1-3　季刀上寨全景

---

① 贵州省凯里市地方志编纂委员会. 凯里市志[M]. 北京：方志出版社，1998: 183.

1. 百年粮仓

季刀上寨的百年粮仓，始建于清朝道光年间（1821—1850年）。当时，寨子人口少，住房分散，粮仓也随各户修建，由于社会治安差，盗贼抢劫和火灾时有发生，粮食遭受严重损失，人们为之惶恐不安。因山谷溪水从寨中顺流而下，此地又是寨子的中心地带，在村寨长老的建议下，人们都把粮食搬到此地集中修建粮仓，在粮仓四周修建住房防守，并安置寨门。这样，既防火又防盗，粮食不再遭受损失，人们安居乐业，百年粮仓从此世世代代保存下来。[①]

2. 牛马脚印

关于牛马脚印的来历，村寨里流传着这样一个故事：在远古时代，天上有十个太阳炙烤着整个天地。大地上，树木枯焦、岩石都被烧烤熔化，天河也干涸了，人畜都找不到水喝，人们艰难地在烈日和缺水下生活。而寨中还幸存一股小水源长年不断，人们从四面八方到这里取水。天上的仙人也拉着神牛、神马到这里来饮水，留下了永不磨灭的牛马脚印。[②]

3. 埋坛山

古时，苗寨经常发生火灾。人们经过大火洗劫后，都很重视防火工作，但火灾还是时有发生。寨老们便请巫师来看，巫师说：寨子对面的山是个火把，对着寨子烧，必须在村背后的大山顶上安放一个大坛，并择吉日良辰念佛咒经，请天上神灵保佑。从此，安放大坛的这座山就叫"埋坛山"。此后，村寨再也没有发生过火灾。[③]

4. 鼓藏场

苗族聚族而居，季刀苗族以血统宗族形成的地域组织"鼓社"为单位维系其生存发展。"鼓"是祖先神灵的象征，所以鼓藏节的仪式活动都以"鼓"为核心来进行。季刀上寨曾和其他苗寨一样过鼓藏节，吹芦笙、跳踩鼓舞，热闹非凡。但现在季刀上寨是凯里、雷山周边少数不过鼓藏节的苗寨之一。民间传说有一年，铜鼓场架鼓的木柱腐朽，需要进行更换，寨老们上山反复挑选，最后选中了一根笔直树木，并择好吉日上山去砍树，却发现有一人被老虎咬死在树脚下，寨老们觉得此事不吉利，认为若用这棵树来架鼓会"引狼入室"。[④]因此，寨老们决定不砍树，村里的铜鼓也被埋在鼓藏场，并立下遗嘱：后代不得铸造铜鼓和过鼓藏节。鼓藏场遗址见图1-4。

5. 苗族古歌

远古时期，苗族人民饱受着战争苦难，为了躲避战乱，多次大迁徙，同时，苗族先民将本族历史文化等信息寄存于古歌之中，留存于民族记忆之中。苗文创制前，苗族人

① 龙初凡. 我们的家园——黔东南传统村落[M]. 北京：文化艺术出版社，2015: 13.
② 巴拉河畔的一颗明珠——季刀[N]. 黔东南日报，2015-11-13.
③ 巴拉河畔的一颗明珠——季刀[N]. 黔东南日报，2015-11-13.
④ 巴拉河畔的一颗明珠——季刀[N]. 黔东南日报，2015-11-13.

图 1-4　季刀上寨鼓藏场遗址

民在生产生活中，其社会习俗、伦理道德、自然科学等主要依靠一代又一代人口耳相传、言传身教，苗家人会说话就会唱歌，唱歌成为教育的主要方式之一。苗族古歌是苗族古代先民在长期的生产劳动中创造出来的史诗，内容包罗万象，集古代神话、传说和历史文化于一体，是苗族古代"百科全书"，叙述了苗族生命起源、宇宙诞生、苗族大迁徙、苗族古代社会制度和风俗习惯等。季刀苗寨古歌多为五言体，经常传唱的有：《开天辟地》《铸造日月》《枫木歌》《跋山涉水》等。

1.2.2　村寨家族历史

据村里潘氏家族口述，潘姓是从江西搬迁而来，先迁徙到湖南湘西一带（怀化），然后搬到黔东南天柱，最后在凯里荒寨定居。后来觉得荒寨环境不好，潘氏三兄弟分别搬到了现在的高坡、季刀上寨和下寨。

按照黄氏家谱《计都黄姓世系资料》（图 1-5）记载，计都就是指现在季刀苗寨一带，包括季刀上寨、高坡等，黄氏始祖黄荣礼于公元明万历二十四年（1596 年）入黔，上辈传说其祖籍江西朱寺巷。黄荣礼本是汉族，他精通补锅劁猪技艺，青年时只身跋山涉水进入贵州黔东南苗疆腹地——凯里平乐，后子孙分居凯里、雷山附近各村，其中一支来到季刀上寨。

荣礼公墓　　摄影 黄正司

祖居地(小平乐)　摄影 黄仁德

图 1-5　黄氏家谱

1. 潘氏家族

相传潘氏祖先迁至凯里荒寨居住，可是村寨男孩都长得丑，后来村民发现有只母鸡经常过巴拉河对岸（即现在季刀上寨、季刀下寨的位置）来觅食，并在对岸下了一窝鸡蛋，孵出了小鸡长得特别好看。潘氏祖先认为母鸡觅食孵蛋处风水好，就从荒寨搬至季刀上寨定居。后学习采用汉族姓名命名法，立下字辈，辈分了然，长幼有序，代代相传，循环往复。季刀的潘姓字辈如下：

> 尚德万年盛，存仁百世昌。
> 齐家为孝义，治国在忠良。
> 瑞兆振铃翠，墙中起凤翔。
> 伦常登大本，再正永通光。

2. 黄氏家族

关于季刀上寨黄姓由来，村里说法有两种：

说法一：相传在季刀上寨有一潘姓女子嫁到高坡苗寨黄家，婚后不久丈夫不幸去世，而她已经怀孕，可是夫家不收留她，潘姓女子只好回到娘家。当时娘家规定：如果生下的是男孩则保留父亲的姓氏，如果生下的是女孩则改姓潘。后来潘姓女子生了个男孩，季刀上寨便有了黄姓一族。

说法二：相传当年有一个黄姓男子逃荒到季刀上寨，被潘姓收留，并分土地给黄姓耕作，一起共同生活，情同兄弟，黄姓男子便在季刀上寨定居，开枝散叶，村里就有了黄氏家族。

黄氏家族撰修家谱，字辈派语为：

荣华富贵，礼义昌前；夏美金玉，仁德裕后；

树高声远，根深叶茂；春安夏泰，秋吉冬祥；

优秀文武，勤学百练；福禄寿禧，人杰宗兴。

1.2.3 村寨历史

1. 行政区划演变

由于季刀上寨建寨历史没有文献资料记载，只能根据家族历史来大致推断，根据黄氏家谱记载：村寨始建于明代。民国三十一年（1942 年）为悦平乡第二保辖地；1950 年 11 月卫悦平乡第二村辖地；1953 年属平乐乡；1958 年建季刀大队隶属凯里公社；1961 年属平乐公社；1984 年复改村。[①]

2. 历史上的水电站

年长的村民口述：在 20 世纪 60 年代，在季刀上寨村寨下面的巴拉河上曾建成一座小型水电站，解决用电的问题，但是小水电站送电不正常，丰水季节电力过剩，枯水季节电力不敷。90 年代，村里通上高压电，水电站就逐渐荒废，其遗址见图 1-6。

图 1-6　季刀上寨水电站遗址

3. 公路发展史

1957 年，凯里与雷山通车，便带动了凯里到雷山的各个镇及村的公路发展，到 2010 年全市县路改革，全部统一为柏油路。在村庄建设当中，政府拨款给村村通水泥路，为保护季刀上寨的百年古道，政府不允许寨子里面铺水泥路，见图 1-7。

---

① 龙初凡. 我们的家园——黔东南传统村落[M]. 北京：文化艺术出版社，2015：13.

图 1-7　季刀上寨百年古道

4. 学校教育

季刀苗寨所在区域在新中国成立前学校教育起步晚，发展缓慢，村民所接受的教育以传统家庭和村寨教育为主。季刀上寨和季刀下寨共同建有一所小学——季刀小学，其位于季刀大桥桥头。季刀小学始建于 1958 年，学校的老师由有文化的村民担任，年级是一年级到六年级。当时的农村教育实行包班制，即一个班一个老师。1991 年由于农村撤并学校，季刀小学被撤销，并入平乐小学。

1.2.4　苗家民俗

1. 节日风俗

季刀上寨过的最隆重的民族节日有苗年和吃新节。

苗年是苗族祭祀祖先和庆祝丰收的最隆重的节日。苗年没有固定的日期，季刀苗寨的苗年一般在农历十月第一个卯日过，当碰到月初或月末三天不能过节，要等下一个卯日才能过苗年。苗年一般分三次过，分别是"小年""大年"和"尾巴年"。小年主要活动是祭祖，大年最热闹，持续时间短则三五天，长则十来天，随着苗寨中青年大量外出务工、经商，小孩子要读书，苗年持续时间有缩短之势。苗家人过年的庆祝活动有：唱苗歌、跳芦笙、赶集、斗牛、打篮球等。过苗年，苗家美食当然不可或缺，打糍粑、灌香肠、制血豆腐、熏腊肉等，外出的家人也都回家过年合家团圆。过苗年，外来的客人虽然非亲非故，苗家人一样热情接待。随着受教育水平的提升，苗寨的封建迷信和一些不合时宜的旧风俗，在新时代背景之下自觉地被抛弃，例如：新年三日内，不能挑水，不能用钱买东西，三天内的洗脸水和洗脚水不能往外倒（旧俗认为这样可留住财运）；新年时，女人不能进别人家的门（不吉利）等。

农历六月，新谷垂穗，农忙已过，季刀苗民趁稍闲之时迎来了吃新节，以休息娱乐调剂生活，祭祀田神和祖先保佑五谷丰登、天遂人愿。我国作为农业古国，早在周代以前即有以新黄之穗荐田祖"尝新"之礼。延至宋代，六月节有祭祀土地神之习俗。[①]季刀上寨吃新在农历六月的第一个或第二个卯日，过节时，各家都包粽粑，备好鸡鸭鱼肉，将在稻田割下的秧苞、新米和其他祭品置于神龛、花树前以祭祀祖宗神灵。次日开展斗牛、斗雀、赛马、对歌、游方、踩鼓等活动，节日期间，男女老少身着节日盛装赶场。

2. 婚庆习俗

依祖训，季刀上寨同寨不通婚。到20个世纪80年代，随着婚恋的自由，开始出现同寨通婚，但是同姓同寨的依然不可以通婚。苗族婚姻的缔结形式主要为自由恋爱媒聘成婚，两个可以开亲的男女青年通过游方或在工作、学习和生活过程中相识相恋，父母无异议后，两家商定礼金、礼物、结婚日期等事宜，在吉日举行认亲仪式，婚礼仪式有接伞、祭祖、吃合欢酒、挑喜水、捉喜鱼等。[②]

3. 饮　食

季刀苗寨居民一日三餐，均以大米为主食，副食为肉类和蔬菜，肉食以猪肉为主，有牛肉、鸡肉、鸭肉、鹅肉、羊肉、鱼以及禽蛋及制品，蔬菜有西红柿、青菜、辣椒、茄子、韭菜、萝卜等。苗族嗜酸喜辣，酸汤、酸菜家家必备，有"三天不吃酸，走路打趔趄"之说，炒菜喜用辣子和糟辣，大众汤菜以辣子调制"蘸水"，凉拌菜少不了辣子面。食物保存，普遍采用腌制法，有腌鱼、腌制的腊肉和腊肠。寨民普遍喜欢喝酒，常以酒解除疲劳，以酒示敬，以酒传情，饮酒为乐，酒是待客议事、婚丧嫁娶、起房建屋、逢年过节的必备品。苗家自酿各种泡酒、甜酒和烧酒，在长期的历史发展和生活实践中，形成了独具特色的酒文化。苗家饮酒，多因时间、地点和对象的不同而有不同的称呼，如迎客酒、送客酒、拦路酒、进门酒、嫁别酒、转转酒、贺儿酒、平伙酒、酬劳酒等。

1.3　潘家寨——季刀下寨

1.3.1　村寨自然环境

季刀下寨（苗语：Jid Dob VanglEb)地处季刀上寨下游，海拔750米，后依山（山名根据当地苗语口音：哥洞毕），巴拉河由南向北绕村脚过。全寨潘姓，115户，479人。吊脚楼木房瓦顶为多，错落整齐，坐东朝西，块状聚落。1986年3月18日受火灾重建。[③]寨子依山而建，寨内民居沿着等高线层层递进，见图1-8。

---

① 黔东南苗族侗族自治州文化局,刘必强. 神奇的节俗——黔东南民族传统节日 M]. 贵阳:贵州人民出版社,2008:89.

② 黔东南苗族侗族自治州地方志编纂委员会. 黔东南苗族侗族自治州民族志[M]. 贵阳:贵州人民出版社, 2000:133.

③ 凯里市人民政府 贵州省凯里市地名志[M]. 内部发行, 1989:73.

图 1-8　季刀下寨的全景

1.3.2　村寨家族历史

1. 潘姓始源

根据调查，凯里、雷山境内很多村寨都有潘氏，其都是同源，季刀苗寨附近南花、小排乐，甚至更远的雷公山山顶附近的乌东村，都是如此。

潘姓起源民间说法有四：

其一，出自姬姓，源于远古西周王国中有一民保国，圣德智慧，善于耕种农田而闻名全国，国王封其为"天下农师"赐其为潘姓。之后，该王国之国民子孙就以潘为姓传承。[①]

其二，出自姚姓，为上古舜帝之后，以国名为氏。据《中国姓氏》载，舜帝生于姚墟称姓姚，建都潘。商朝，舜的后裔建潘子国，商亡，其子孙遂以国名为姓，称为潘氏。

其三，出自芈姓，远古楚国公族有潘氏，之后，子孙以潘为姓。

其四，出自北方鲜卑族。据《魏书·官氏志》所载，南北朝时，北魏有代北复姓"拔略罗氏"随魏孝文帝南迁洛阳后，定居中原，代为汉姓"潘"氏。

2. 潘氏迁徙史

潘氏祖先是从西安市迁往现在江西省的南昌市，又从南昌市朱市巷迁往湖南省的会同县天柱。万历二十五年（1597 年）间，国家把湖南省会同县的天柱划归贵州省镇远府管辖，后立天柱为县至今。当时，潘氏祖先在天柱县城南修建有祠堂七间，新中国成立后，县政府把潘氏祠堂改为县粮仓使用。在天柱县之潘姓，后分支迁往四方，诸如湖南省晃县，贵州省松桃、三穗、黎平、黄平、凯里、麻江等县定居。

潘氏其中一支到凯里加洛、麻江下司定居，现在在凯里市三棵树镇养爵村还有潘氏

---

① 百度百科[EB/OL] https://baike.baidu.com/item/%E6%BD%98%E5%A7%93/618019?fr=aladdin.

祖先潘告傲、乌祝夫妇合坟，其后裔迁往凯里市九寨、翁项、舟溪、排乐、季刀、水寨、乌烧、摆底及雷山县西江镇猫毕里等区域定居。

根据当地苗民解说，季刀下寨的村民同宗，经过多年的发展，不断分家。目前寨内共有五房，只要寨里人家有红白喜事或者来客走客，寨民都会叫上自己家的房族一起参加。

1.3.3　村寨文化习俗

季刀下寨位于季刀上寨的下方几百米，村寨文化习俗和季刀上寨几乎相同，值得一提的是：姑妈回娘家（姑妈节）。

村民们说，苗寨姑妈回娘家这个活动起源于季刀下寨。由于下寨后山的地势比较陡，有一年雨水多，山体滑坡导致许多民居受损，心系娘家的姑妈们捐钱、捐物帮助娘家人渡过了难关。后来村里人感谢姑妈们的帮助，举行盛大的仪式请所有姑妈回家过苗年，吹芦笙、敲铜鼓、放鞭炮，布下"拦门酒"，欢迎出嫁姑娘的到来。姑妈们穿着苗家盛装，带着糯米糍粑、鸡鸭鱼肉酒等礼物，与娘家人团聚，场面喜气热闹壮观。后来这个活动就一直保留下来，并流传至周边的苗寨。

1.4　"星星"中的苗寨——高坡苗寨

1.4.1　村寨自然环境

高坡苗寨位于季刀下寨对面的山坡之上，高坡苗寨的另一面的山脚处是朗德苗寨。高坡所在地叫也浓喜（苗语意为落雨坡）。整个高坡苗寨依附在高山山腰的山岭处，后面是一片古树林，见图1-9。

图 1-9　高坡苗寨的全景

1.4.2　村寨家族历史

高坡苗寨有潘、黄、杨姓。根据村民口耳相传，高坡苗寨杨氏是从江西来到贵州，先在榕江居住，再迁徙至雷山的永乐镇，后又搬迁到现在高坡苗寨对面山岭居住。为了纪念原来的居住地，杨氏先祖将这处山岭取名为永乐，再迁徙到荒寨和排乐。在排乐生活一段时间，杨氏的其中一位祖先杨留育搬到现在的高坡苗寨，后来黄氏和潘氏陆陆续续迁入。由于高坡苗寨杨氏是最早迁徙到这里的家族，所以高坡所有的集体活动，都是由杨氏牵头，例如跳芦笙舞必由杨氏女儿和媳妇进行领舞。2014 年，高坡苗寨杨氏子孙在后山重修了其先祖之墓，见图 1-10。

图 1-10　杨氏先祖之墓

根据季刀上寨黄氏族谱的记载，黄氏祖先黄荣礼到平乐时，巧遇到杨氏家族祭敬"雷公神"（须十七人祭敬，一头牛为祭品，在寨边进行且将祭品吃完方能进家），当时杨氏兄弟人少不足数，即邀黄荣礼凑数。之后杨氏老人看中黄荣礼忠厚老实又勤劳，再说杨姓也觉得兄弟少而感到孤独，加上黄荣礼又处于举目无亲的境地，双方情愿，黄荣礼被杨氏老人挽留与两个亲生儿子做伴，共同生活。后黄氏第四代黄显堂迁入高坡，在高坡与杨氏仍是结拜兄弟，杨氏先入为主即寨主，也是本寨的活路头（每年春耕动土先由寨主开个头），后来潘姓又陆续迁入，于是杨、黄、潘三大姓都称兄道弟，到 20 世纪 60 年代后又相互通婚，共同开发计都上寨（高坡苗寨），世世代代和睦相处至今。

高坡苗寨潘氏家谱认为潘氏是西周毕公之季孙食采，居于潘，以潘为姓，始源河南，后迁江西南昌朱寺巷，随后迁湖南黔阳钟方一带，后迁到贵州天柱懂达，再又迁到翁项下司，最后定居凯里平乐高坡，后又搬到洋嘎（今季刀下寨往东 1 000 米处，现有一棵老梨树仍然挺立在那里），17 世纪初迁到八梭（今高坡对门），19 世纪中叶回居高坡村。本家族的习俗是吃鼓藏节（每 13 年欢庆一次），铜鼓场设在甘站牛河岸，是当时这一带最热闹的地方。后被一名叫洋乱的村民破坏后，鼓藏节就终止没办。为了报答亲朋好友，人们每隔 13 年吃一次"咧丹洋"①，但这个节庆，如今已不再举行。

1.4.3　苗寨节日文化习俗

在高坡苗寨流传着关于鼓藏节变迁的传说。鼓藏节是苗族传统节日，13 年举行一次，鼓藏节是苗族祭祀祖先的节日，在鼓藏节期间，村民会沿着村寨边界敲打铜鼓，告示其他村寨高坡苗寨的领地范围。

巴拉河流域的苗族鼓藏节原来是许多村寨统一协调过，即每年一个村寨过鼓藏节，附近村寨都来参加，现在已经改为每个村寨自己举办。每当过鼓藏节的时候，从挂丁过来的所有苗寨鼓藏头都集中到荒寨来商讨过节次序。原来鼓藏节使用的鼓都是木鼓，木鼓的选材十分讲究，要选择枝叶茂盛和没有断枝的树木。对砍树的老人也有要求，必须家里有三、四代以上在堂，在所有鼓藏头中选取最有威望的人去砍树。砍树的时候要选好的时辰，要用糯米饭、酒、肉等祭祀选好的树，将砍好的树加工成木鼓后，把木鼓放在荒寨附近的岩洞里，附近的村寨轮流使用这个木鼓。每当附近村里需要过鼓藏节时候，就到岩洞里取出木鼓，用完后再送回去。

原来过鼓藏节的时候，无论哪个村寨举办，附近村民都会参加，规模很大，这对举办鼓藏节的村寨造成很大的经济压力，很多村民希望缩小规模，节省开支。有个村民叫苗名牛，在一次鼓藏节选取材料做木鼓的时候，故意进行破坏。一次是在看木材的时候，故意用污物污染选定的树木，导致需要第二次选材；第二次在选好材料制作木鼓的时候，说不吉利的话，导致那次鼓藏节不成功。后来所有鼓藏头在一起商计，对鼓藏节进行改革，不再许多村一起过鼓藏节，而是每个村自己过自己的，而且也不统一制作木鼓，而是每个村自己保存和制作木鼓，所以现在每个村都有自己的鼓，有的用铜鼓，有的用木鼓。

高坡苗寨鼓藏节的举办时间是在 4 月份，由于 4 月份已经是农忙季节，村民没有很多时间和精力来举办和参加鼓藏节，因此高坡苗寨也搁置了很多年没有举办。

关于吃新节，由于高坡苗寨杨氏祖先杨留育是当时杨家的老大，所以时至今日，高坡苗寨在附近村寨中首先过吃新节（第一天过节），小排乐其次（第二天过节），季刀上寨等苗寨再其次（第三天过节）。

---

① 潘氏家谱中记载，是苗语音译，意思为：到山上去举行家族聚会，祈祷祭祀活动，以纪念祖先，保佑后人。

第 2 章　村寨选址与布局

　　黔东南州苗族村落以雷公山为中心，以清水江为轴带，环绕其周边重峦之上和沿江两岸，多以宗族或家族聚族而居。村落大多分布于半山腰，少部分分布于河谷，具有"一山一岭一村落"的分布特点，其形态既有山间团状，也有河谷带状，但更多的是半山簇状形态，呈现出一种"大杂居、小聚居"的分布状态。[①]

　　"依山傍水、择险而居"是对苗族择居最简单的释义。苗族村寨选址布局十分灵活，不拘一格，注重顺应地形，因势利导，基本不会劈山填壑，随意改变地形地貌。苗族村寨选址、形态是在特定的自然地理条件以及人文历史发展的影响下逐渐形成的，是自然、地理和人文、历史特点的外在反映。

2.1　村寨选址

　　黔东南苗族村寨寨落选址原则归纳起来有如下几项：背靠大山，正面开阔；水源方便，可避山洪；地势险要，有土可耕；风水为主，兼顾环境。上述诸项都是对立统一的：既要开阔，又须靠山；既要用水，又应避患；既要凭险，又利耕种；既要风水，又重环境。这些常常结合地形，加以综合考虑，或突出某一要素，或兼备几条。[②]

　　苗寨的选址方式，蕴含很多生态智慧。归纳起来至少有以下六个方面：一是适应气候变化的智慧，二是适应地理条件的智慧，三是适应生计需要的智慧，四是适应安全要求的智慧，五是适应和谐环境要求的智慧，六是解读各种生命体知识经验的智慧。按照麻勇斌在《贵州苗族建筑文化活体解析》中的阐述，苗族村寨早期选址有 13 种方式，如根据"异象"选址、根据"动物行为启示"选址、根据"植物启示"选址等。[③]

2.1.1　季刀上寨、下寨——动物行为启示选址

　　季刀上寨和季刀下寨位于两山的山脚，是典型的苗族村寨，以家族聚族而居。村落选

---

① 曹昌智，姜学东，吴春，等. 黔东南州传统村落保护发展战略规划研究[M]. 北京：中国建筑工业出版社，2018：22.
② 李先逵. 苗居干栏式建筑[M]. 北京：中国建筑工业出版社，2005：12.
③ 麻勇斌. 贵州苗族建筑文化活体解析[M]. 贵阳：贵州人民出版社，2005：95.

址在临近巴拉河的河岸边，居住房屋大部分是依山而建，临水而居，见图 2-1。山是苗族古村落建寨的基址，几乎所有的苗族村寨都以山为依托，周围环绕着农田和山林。在季刀上寨和季刀下寨，民居选址多数依山就势，背山面水，所以多数民居为坐南朝北。

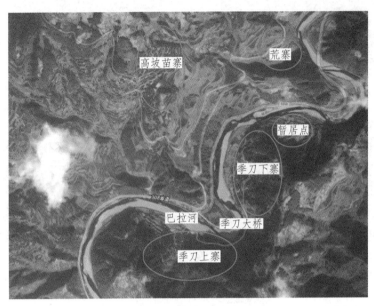

图 2-1　季刀上寨、下寨选址

苗族人认为，一个村寨人气旺不旺，那就看这个村子古树的数量、古老不古老。因此，树是村落选址的一个重要的原因。在季刀上寨的后山，十几棵百年古松参天而立，在季刀下寨也有三棵百年的柏树，作为寨子的守护神。

水源，也是村寨选址的重要原因之一。季刀上寨和季刀下寨位于巴拉河边，河流的流向是自西至东，巴拉河为季刀上寨和季刀下寨的村民带来了许多便利，见图 2-2。

图 2-2　巴拉河

　　苗族村寨的选址方式有很多种，根据季刀上寨和季刀下寨潘姓的形成故事，可以判断当时季刀上寨和季刀下寨是根据"动物行为启示"选址的。

　　相传当时潘姓祖先在现在荒寨居住，当时村寨男孩都长得特别丑，后来村民发现有只母鸡经常过巴拉河对岸（即现在季刀上寨的位置）去觅食，并在对岸下了一窝鸡蛋，孵出的小鸡都长得特别好看，于是潘姓祖先认为现在的季刀上寨风水好，就从荒寨迁徙到季刀上寨居住，即形成了现在的季刀上寨，这就是季刀上寨的选址过程。

　　季刀下寨关于自己的村寨选址和季刀寨大同小异，当时潘氏祖先在荒寨居住，有年冬天特别冷，一群鸡到荒寨河对面的暂居点（图 2-1）附近安窝，潘氏祖先觉得这个地点比较好就搬到暂居点居住，后来陆陆续续迁徙到现在的季刀上寨和季刀下寨。

2.1.2　高坡苗寨——称水选址

　　高坡苗寨的杨氏祖先首先迁徙到高坡苗寨的旧址，旧址附近有两汪清泉，为了确定安寨的地址，杨氏祖先用称量水重的方式来确定地址的好坏。其中一汪泉水叫欧潘（苗语，水清的意思），它的泉水比另外的泉水重三钱，高坡苗寨祖先认为其水质更好，于是选在该泉水旁建寨，这就是高坡苗寨旧址所在，见图 2-3。高坡苗寨在 1980 年左右发生过地质灾害，经过政府组织整理搬迁，转移到现在的位置。

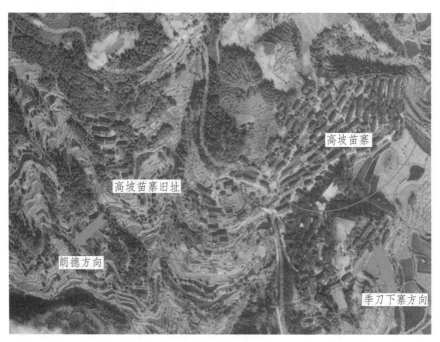

图 2-3　高坡苗寨地址

　　苗族村寨选址充分体现了崇尚自然的生态精神，在中国"天人合一"哲学理念的指导下，苗寨的选址与布局阐明了人与自然的和谐关系，反映了人居环境与自然环境的互相交融、和谐共生。

2.2 村寨布局

苗族村寨以顺应地形地物、绝少开山辟地损坏原始地貌、沿河而生为村寨聚落发展原则。黔东南的苗族村寨与其自然环境相呼应，聚居总体来说是"小分散，大聚合"。从微观层次上对黔东南州苗族村寨进行划分，可以将其分为三种类型：山麓河谷型、平坝河谷型和山间高地型。

苗族村寨当村落所处的自然环境不同时，村落的外部形态也会有所差异。从黔东南苗族村寨的形态看，其村落大致可归纳为有明确中心的团聚式空间布局和无中心的均质式空间布局。团聚式空间布局即村落有明确的中心，这个中心可能是单数，也可能是复数，苗族村寨主要是以铜鼓场和芦笙坪（场）为中心向四周扩散、向四周延展的团聚式村落。均质式空间布局即无中心的村落，这类村落主要受地形地貌的影响，据等高线依山而建，形状不定，房屋相互少制约，布置疏密悬殊，是一种不规则的、松散的建筑群体。

2.2.1 山麓河谷型的季刀上寨和季刀下寨

山麓河谷型是黔东南民族村寨聚落最典型的一种模式，也是人们选择栖息的最理想模式。这种类型村落位于秀逸的山脉之山脚或山麓，背靠山脉，面临溪涧、河流。山麓河岸往往没有大面积的冲积坝岸。为尽可能少地占用耕地和尽量利用水位落差，村寨几乎是背山面水由山脚向山麓修建，而越往上就越受到地形地势的限制，村落的形态因此逐渐发展为线型布局，河流或溪流是其发展的脉络。[①]

季刀上寨和季刀下寨就是典型的山麓河谷型村寨，季刀上寨和季刀下寨主要沿河流一侧布局，是平地与斜坡的结合，坐坡朝河。整个空间格局由田地、居住房、群山、绿水等多点组成，在发展的过程中逐渐向上，造就了传统苗寨空间聚落顺应地势的走势。因聚落的大多建筑沿等高线建筑，所以很不规则地分布在山脉一侧，形成了聚落内部丰富与多变的景象。

但季刀上寨和季刀下寨又各具特点，季刀上寨落址于由两座山围成的山坳中，前后两边山较高和陡，山坳底部有一块稍平的地，其地形特征为平坝与斜坡的结合，依山而建，顺水而居。整个村寨的形态发展以横向为主，纵向上到小半山腰就停止了，见图2-4和图2-5。季刀下寨距季刀上寨并不远，入村的寨门为同一个。季刀下寨同样坐落在巴拉河岸边，整个寨子背山而居；巴拉河从寨子下游流过，寨子沿着河流延伸，在寨子和河流之间有部分农田。与上寨相比而言，下寨的房居分布高差更大，整个寨子几乎依附山体展开，与山体融为一体。季刀下寨的平面布置图和剖面图见图2-6和图2-7。由于下寨后山的地势比较陡，下雨容易发生山体滑坡，如今政府正在进行防范改造和后山森林保护。

---

① 王展光，蔡萍. 黔东南民族建筑木结构[M]. 成都：西南交通大学出版社，2019: 30.

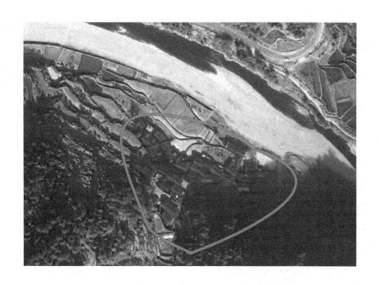

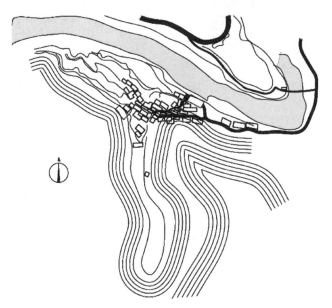

图 2-4　季刀上寨总平面图

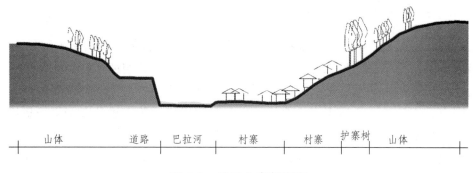

| 山体 | 道路 | 巴拉河 | 村寨 | 村寨 | 护寨树 | 山体 |

图 2-5　季刀上寨剖面图

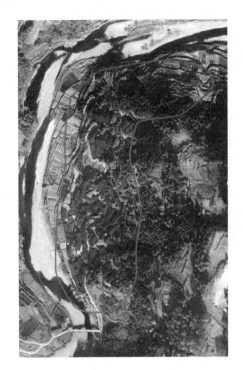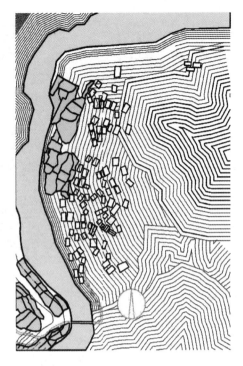

图 2-6　季刀下寨的总平面图

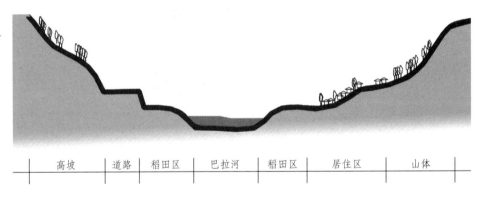

| 高坡 | 道路 | 稻田区 | 巴拉河 | 稻田区 | 居住区 | 山体 |

图 2-7　季刀下寨剖面图

2.2.2　山间高地型的高坡苗寨

高坡苗寨是典型的山间高地型村寨，其平面布置图和剖面图见图 2-8 和图 2-9，整个村寨随山就势自由生长，很少有开山辟地等人为改变原有地貌的活动，完全依据自然条件修房建屋。村落根据地形地势环山隘依山而筑，俯临巴拉河，居地位置险要。由于地形起伏较大，寨内道路坎坷不平，曲折蜿蜒，村寨民居顺等高线分布，依地形高差产生高低错落的层次变化。其主要巷道多为弯曲的带状空间，曲率大致与等高线一致，没有显著的高程变化；巷道一般宽 1.5~2 米，与等高线垂直，高程变化显著，并经常和排水沟结合在一起。

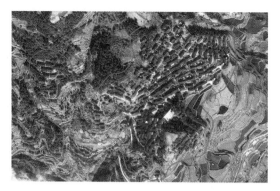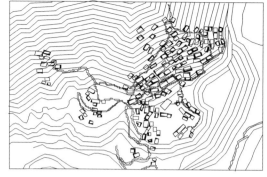

图 2-8　高坡苗寨总平面图

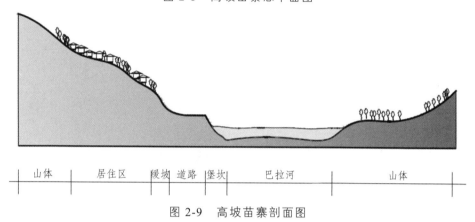

| 山体 | 居住区 | 缓坡 | 道路 | 堡坎 | 巴拉河 | 山体 |

图 2-9　高坡苗寨剖面图

2.3　村寨空间格局

从村寨聚落形态划分，黔东南传统村落大致可归纳为有明确中心的团聚式空间布局和无中心的均质式空间布局。团聚式空间布局即村落有明确的中心，这个中心的数量可能是单数，也可能是复数，一般苗族村寨主要以铜鼓场和芦笙坪（场）为中心向四周扩散。季刀上寨的村寨是以古歌堂为中心的团聚式空间布局；而季刀下寨和高坡苗寨形成的则是无中心的均质式空间布局。

2.3.1　团聚式空间布局的季刀上寨

季刀上寨的建筑布局见图 2-10，从图中可看出，季刀上寨内部空间主要由居住区、耕种区、公共空间、巴拉河构成，典型公共空间有百年粮仓、百年步道、古歌广场、季刀村上寨综合文化楼、鼓藏场、护寨树。

在村寨布局形式上，季刀上寨为有明确中心的团聚式空间布局，公共空间以古歌广场和百年粮仓为代表，主要集中在寨子中央。居住区围绕公共空间发展，对公共空间形成包围状态，居住建筑布置随意又紧凑，再向外一圈为耕地区和山体，大体上形成了由内向外扩张的"公共区—居住区—耕地区"的布局形态。

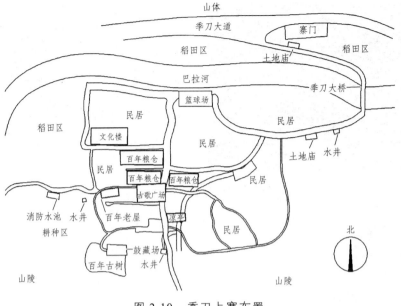

图 2-10 季刀上寨布置

2.3.2 均质式空间布局的季刀下寨和高坡苗寨

从季刀下寨布置（图 2-11）中可以看出，季刀下寨村寨内部空间一个明显的特点就是其随机发散性，形状不定，根据寨子规模和地形条件，布局自由灵活，不拘一式，皆

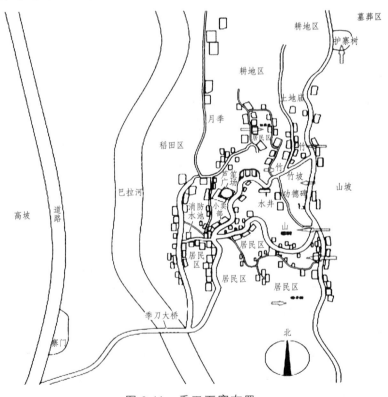

图 2-11 季刀下寨布置

听其自然。村寨轮廓将就大幅山坡地形，没有固定的形状，呈山抱寨，顺坡翻梁。虽然在村寨内部有芦笙广场，但是 2012 年新修的，位于村寨的主干道的旁边，并没有与周围环境形成中心辐射关系。季刀下寨民居布局主要是受地形限制的影响，建筑多沿等高线布置，而不是围绕某个中心来发展。

高坡苗寨是山间高地型苗寨，其村寨发展受地形限制，建筑多沿等高线布置，整个高坡苗寨几乎没有公共建筑和公共空间，决定了高坡苗寨不可能像平地上的村寨一样可以围绕某个中心来发展。村寨内部空间随地形变化而变化，村寨以家族聚族而居，往往依山而建，整个村寨沿等高线发展，与山体融为一体，没有铜鼓坪和芦笙场等公共空间，高坡苗寨布置情况见图 2-12。

图 2-12　高坡苗寨布置图

2.4　村寨生态

苗族村寨是苗族与自然和谐共处的产物，苗族村寨的植被十分丰富，一般在后山有参天古树和成片树林，村寨里也布满了各种树木，和村寨完美融为一体。

2.4.1　季刀上寨百年护寨林

季刀上寨村寨中有丰富的植物，后山主要为松树林和杉木林，见图 2-13。村寨里的植物物种有佛手瓜、蝎子草、梨树、花椒、刺槐、杨梅、松树等，许多植物和村寨居民生活密切相关，提供村寨居民日常生活的食材。

季刀上寨物种丰富，是一个生态系统村落群，其中最为典型的是"五百"之一的百年古树，按照村民的说法，百年古树是季刀上寨的护寨树（图 2-14）。

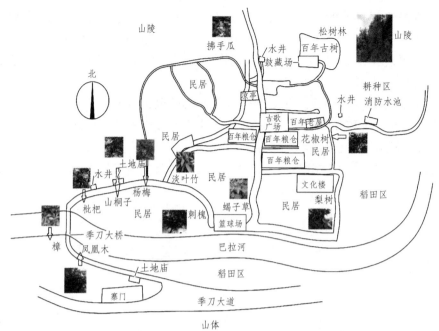

图 2-13　季刀上寨植物分布

图 2-14　季刀苗寨百年护寨树

　　根据苗寨的说法，只要树木年龄在 30 年以上的，就应该保留下来，如果有人肆意破坏，那么不仅会受到人们的谴责，也将会受到树的惩罚；苗族村民会在这些大树中选择一棵树作为本寨的护寨树。

　　季刀上寨后山的百年古树有 14 棵松树和 2 棵枫树，部分古树的周长见表 2-1。

表 2-1　百年古树数据

序号	周长/米	序号	周长/米	序号	周长/米
第一棵（松树）	3.04	第四棵（松树）	2.70	第七棵（松树）	3.14
第二棵（松树）	2.92	第五棵（松树）	2.76	第八棵（松树）	2.46
第三棵（松树）	2.93	第六棵（松树）	2.80	第九棵（松树）	2.76
枫树	2.3				

　　在黔东南苗寨，枫树被村民誉为村寨的神树，是村寨的守护神，保卫着村寨的平安。

因此季刀上寨居民非常崇拜枫树，他们有祭祀树木的习惯。每遇到一些特殊的事情或者节日，村民都会祭祀古树，希望通过祭祀的方式祈福、化解灾难、保佑平安，见图 2-15。

图 2-15　祭祀古树

2.4.2　季刀下寨"三棵树"

季刀下寨有着丰富的植物资源，后山主要分布的是松树，见图 2-16。在村寨中，主要的植物有竹子、月季、葡萄、杨梅树，这些植物的位置都在房子旁边。

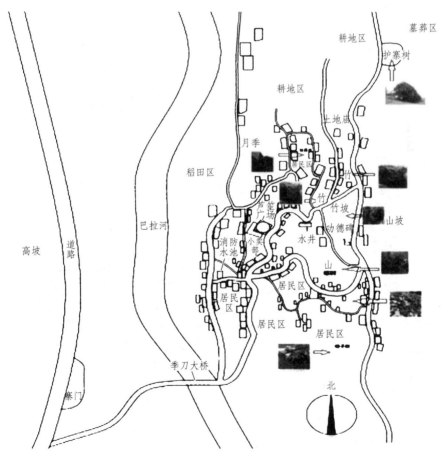

图 2-16　季刀下寨植物分布

　　季刀下寨村寨中有着自己的护寨树，名为"三棵树"，是三棵有几百年历史的柏树，树下有一口井，见图 2-17。这三棵柏树大概位于村落的东偏北方向，从村落到护寨树的行程大约为步行 20 分钟，其中，最大的一棵护寨树的周长为 3.7 米，其次为 2.4 米，据村民说最大的护寨树树龄约为两三百年。在护寨树旁，是村落的墓葬场，见图 2-18。

图 2-17　季刀下寨最大的古树

图 2-18　墓葬区

2.4.3　高坡苗寨古树林

　　高坡苗寨位于季刀下寨对面的山坡之上，整个高坡苗寨依附在高山山腰的山岭处，整个村寨都坐落在树木的环抱之中，村寨的后山是一片古树林，高坡苗寨村民自豪地介绍其是巴拉河流域最大的古树林，见图 2-19。

关于古树林在高坡苗寨还有一个故事，"大跃进"时期，村里面将村寨附近的树都砍完了，没有树可以砍，当时有一个村民提议要伐这片古树林，他带着一群村民拿着工具来到古树林中准备砍树。当他们选好了一棵大树准备砍伐时，这棵大树突然倒了下来，压伤了准备砍树的村民。村民们十分惊慌，认为是触犯了古树，被古树惩罚，就再也没有人敢提议砍伐古树，所以这片古树林就被保护了下来，到现在村民也没有谁敢来砍伐这些古树。

图 2-19　高坡苗寨植被和古树林

2.5　村寨外部空间

2.5.1　村寨外部空间分布

苗寨村寨外部空间分布分明，山、水、田、村是黔东南苗寨村落整体格局的构成要素。山是村落的屏障及山林资源的宝地；水主要指流淌在村内的泉水水系及河流；田是村落最主要的生产用地，往往在村头或村尾有大片农田，形成层层梯田风光；村是构筑在山、水间的人工环境。

为了生活起居需要，每个村寨都会有自己的山林区、耕作区、墓葬区、河流以及与其他村寨的分界点。

以季刀上寨为例,季刀上寨的外部空间区域划分见表2-2。

表2-2 季刀上寨村寨空间分类

村寨空间分类	村寨内部空间	建筑	居住建筑
			公共建筑
		户外空间	步道
			鼓藏场
			古歌堂
	村寨外部空间	山林	松树林、杉树林
			百年护寨林
		耕种区	水田
			旱田
		墓葬区	先祖墓区
			青年墓区
		河流	巴拉河
		与下寨的交界	季刀大桥

季刀上寨的外部空间由山林、耕作区、墓葬区、河流和与下寨的分界几部分组成。百年护寨林和巴拉河在前面已经有了相关介绍。

1. 耕种区

季刀上寨周围的农田主要是水田和旱地,见图2-20。

图2-20 村寨外的农田

水田用于水稻等农作物的种植,在水田种植水稻的时候,村民会将鲤鱼放入水田中饲养。水稻丰收之时便可捕鲤鱼,庆祝其粮食的丰收。

旱地在村寨中一般被用来种植玉米、洋芋等旱地农作物。房屋周围的旱地有村民也会用来种植白菜、辣椒、西红柿等作物。

2. 墓葬区

苗族村寨的墓葬区不像汉族那么忌讳,一般都紧邻村寨,部分苗族村寨墓葬区甚至就在村寨内。在苗寨先祖的传统习俗中,村寨里有老人去世的话,会将其送往公共的老人墓葬区下葬。而在外去世或是出意外的青年或中年人,会将其送往另一片墓葬区下葬,让逝者得到安息,让老人墓区得以清净。季刀上寨墓葬区也在村寨的后山上。

3. 交界区

季刀大桥是季刀上寨与季刀下寨的分界线，是一座钢筋混凝土的拱桥，见图 2-21。

图 2-21 季刀大桥

2.5.2 村寨外部空间布局类型

综观黔东南苗寨村寨选址，其村寨与山、水、农田之间的关系在自然环境的影响下大致可以分山-田-村-水、山-村-田-水、山-村-水-田等 5 类布局，其中季刀上寨为山-田-村-水的布局，季刀下寨为山-村-田-水的布局，高坡苗寨为山-田-村-田的布局。

1. 季刀上寨-山-田-村-水格局

季刀上寨为山-田-村-水的布局，村寨选址在农田与河流之间，村寨呈组团状分布于河流一侧，见图 2-22。从图中可以看出，季刀上寨的农田位于巴拉河上游和村寨后面的山谷之中，见图 2-23。季刀上寨位于农田与河流间，以古歌堂为中心呈组团状分布在巴拉河一侧，是典型的山-田-村-水格局。

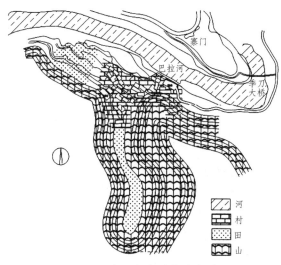

图 2-22 季刀上寨外部空间布置

图 2-23　季刀上寨村寨外的农田

2. 季刀下寨——山-村-田-水格局

季刀下寨和季刀上寨的地理环境差不多相同。季刀下寨民居建在后山的缓坡上，巴拉河在季刀大桥处发生转折，在河岸处没有形成河滩，所以整个寨子几乎没有大型的平整场地。季刀下寨完全坐落于一座山坡的山腰，地势陡峭，房屋分布落差较大。季刀下寨居民区为南北方向分布，沿巴拉河横向布置，有随村寨规模增大继续延伸的趋势。东西向由农田到半山为起止，随缓坡层层而上排布，由较长的石梯联系不同高度的民居，房屋全朝向巴拉河。

季刀下寨与周围自然环境的关系为"山-村-田-水"的格局，村寨选址于后山山体与农田之间，巴拉河居下，绕村而下。山、水、田、村是村落整体格局的构成要素。山是村落的屏障及山林资源的宝地，其后山树木繁多，在村寨发展过程中提供民居木材，且村寨的护寨树也都位于此；水为村边巴拉河，为季刀苗寨的主要水源，在生活上也给村民带来了大大的便利；田是村落最主要的生产用地，季刀下寨的农田位于村寨与河流之间，在村头或村尾也有大片农田，沿巴拉河分布，便于就地取水，见图 2-24。

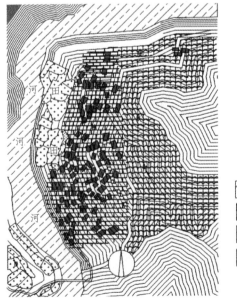

河

村

田

山

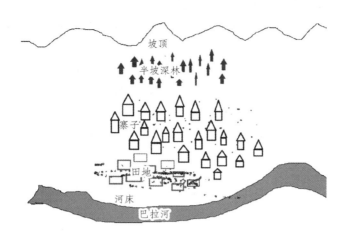

图 2-24　季刀下寨的山-村-田-水格局

3. 高坡苗寨——山-田-村-田格局

高坡苗寨为典型的高山苗族村寨，村寨后面是山体和树林，布局为村寨四周均为农田所包裹，整个村寨呈带状分布在山坡的一侧，这类村寨有很强的封闭性，防守性较好，居高临下，形成山-田-村-田的格局，见图 2-25。

图 2-25　高坡苗寨的山-田-村-田格局

2.6　村寨内部空间

苗寨村寨空间内部房屋总体而言错落有致，道路却显得杂乱而无序，整个村寨的内部布局是随着村寨人口的发展而依附自然环境展开的。

以季刀上寨为例，百年粮仓坐落在村寨中间，百年古树勃勃生机，生长在寨子的周围，村民信奉它们是寨子的保护神，能保佑村寨和村民的平安。古歌堂是各个干道都可到达的公共聚点，村民在重大的节日里，都会齐聚此地展现她们那婀娜多姿的舞蹈与百年古歌风情。

季刀上寨百年步道时而曲折，时而起伏不平，时而宽敞或狭窄，变化丰富多彩，形成了几步一画面、不同地方各具特色、不同景色给人迥然不同视觉的效果。道路都是以石片铺砌衔接而成，并无现代建筑水泥浆的结构，地势较为陡峭的道路台阶也由不规则石块砌成。空间上的排水系统也以道路走向为主，时而显露出来分布在道路一侧，时而隐蔽在道路之下，用石片盖住，每逢暴雨季，水就会蔓延在道路中间，落差较大的地方沟槽会出现水声潺潺。

2.6.1 村寨内部空间分类

季刀苗寨内部空间从大的方面划分为建筑类型和水空间，主要由居住建筑、公共建筑、公共空间、交通空间和水空间组成，具体见表2-3。

表 2-3 季刀苗寨内部空间建筑构成

村寨			季刀上寨	季刀下寨	高坡苗寨
村寨建筑类型	建筑	居住建筑	吊脚楼		
			地面楼		
			砖（混凝土）房		
			柴房		
			牲畜房		
		公共建筑	季刀苗寨寨门（停车场）		高坡苗寨寨门
			百年粮仓群		
			风雨桥		
			季刀小学		高坡小学
	户外空间	公共空间	鼓藏场	芦笙场	
			古歌堂		
		交通空间	百年步道	三级道路	三级道路
			季刀大桥		
水空间			排水沟		
			蓄水池/水井		
			巴拉河		

1. 居住建筑

季刀苗寨的居住建筑的类型以吊脚楼和地面楼为主，还有部分新建的混凝土砌体结构房屋，也包括部分居住的配套建筑类型。

2. 公共建筑

公共建筑主要包括：寨门、停车场、芦笙场、凉亭。其中季刀上寨和季刀下寨的寨门和停车场共有，高坡苗寨有新修的单独寨门，在季刀上寨有百年粮仓群和横跨溪沟的简式风雨桥。季刀上寨的百年粮仓群是凯里-雷山一带规模较大、保存较好的粮仓群之一，是农耕文化的典型留存；简式风雨桥是季刀上寨村民休闲聚会的场所。公共建筑还包括小学，但三个村寨的小学已经被撤并，失去了功能。

3. 公共空间

除去居住建筑和公共建筑，季刀苗寨还有许多户外空间，公共空间是其中一种。苗寨的公共空间主要以鼓藏场和芦笙场为主，季刀上寨的古歌堂其实就是芦笙场，村寨的集体活动和旅游接待都在此举行。

4. 交通空间

交通空间在苗寨中具有重要地位，它一般自然生长，通过关键性交通节点和三级道路，将整个村寨组织成一个整体。季刀上寨最为典型的是百年步道，其用不规则的毛石铺砌而成，到现在存留近一百年。

5. 水空间

水空间是苗寨的生命之源，不论哪种类型的苗寨都无法离开水而生存，在苗寨中有大量的水井分布。由于大量苗寨依山势而建，为了排水需要，苗寨内布置有完善的排水系统。

2.6.2 村寨节点分析

2.6.2.1 居住建筑

由于经济的发展，季刀苗寨和许多苗寨一样出现了一些砖房和混凝土房屋，对整个村寨的整体面貌有一定影响。2014 年季刀上寨入选了中国传统村落，出于对传统村落的保护，对混凝土房和砖房的建造进行了一定的限制，对已经存在的砖房采用增加小青瓦屋面的方式进行覆盖，使建筑风格从远处看起来一致。季刀苗寨传统民居典型形式为吊脚楼和地面楼。

1. 吊脚楼

季刀苗寨的居民迁入这里后，为了留下平地作耕种用田，为了适应这里的自然条件，为了自己的繁衍生息，在建造住居时，选在 30~70 度的斜坡陡坎上，建造穿斗式吊脚木结构房屋，见图 2-26。这种结构形式具有以下特点：一是结构简单而稳固性强，它是以柱、枋为基本构件，通过穿斗形成完整空间。二是充分利用当地木材及其强度，由于采用的是穿斗结构，用小材可以盖大房。三是既节约了耕地，又适应于山地斜坡建屋，并具有良好的通风防潮效果。

图 2-26　吊脚楼

2．地面楼

地面楼也是民居的一种典型形式。地面楼的特点是底部不架空，房屋的底层是居住层，二层是卧室和存储空间，见图 2-27。最为典型的是季刀上寨，在粮仓和古歌堂附近区域为巴拉河形成的阶地，这一块地势比较平坦，这里修建的民居大部分为地面楼，特别是许多百年老屋都是地面楼。

图 2-27　地面楼

3．柴　房

柴房作为吊脚楼主体的配置型房屋建筑，其主要的功能是储存从山里砍回来的干木材，或者湿木。一般在太阳天，村民会将湿木进行砍细暴晒，储存后再用于生火做饭，见图 2-28。

图 2-28　柴房

4. 畜牧房

与柴房相同，畜牧房也是作为吊脚楼主体的配置型房屋，其主要功能是用于饲养牲畜，猪、牛、鸡、鸭、鹅为主要牲畜，见图 2-29。

图 2-29　畜牧房

2.6.2.2　公共建筑

1. 寨　门

贵州山区村寨一般不设寨墙，村寨领域主要依靠几个寨门的提示作用加以限定。村寨内外之间无实际上的阻隔，就是说寨门是村寨的重要限定要素，设立了寨门就算是确定了村寨的范围，见图 2-30。[1]

---

① 罗德启. 贵州民居[M]. 北京：中国建筑工业出版社，2008：51.

图 2-30　季刀苗寨寨门

在苗族人的心目中，寨门具有防灾辟邪、保寨平安的作用，同时这里也是迎送的场所。迎宾时，村民群聚寨门外，摆下一碗碗拦路酒，唱出一曲曲拦路歌；送客时，也是酒相拦，唱吟难舍的分离歌，以表示对客人的尊敬。[①]

（1）季刀苗寨寨门。

季刀苗寨寨门位于季刀上寨和季刀下寨对面巴拉河岸边的炉榕公路边，寨门有大小门之分，都属于干栏式建筑。大门八根柱子支撑框架，两边各分四根，两边都是矩形结构，高约 9m，石基边长 2.5m，两边小亭高 2.6m，亭正面柱距 2.3m，侧面柱距 2.3m，寨门内高 5.2m，亭子设置有护栏（美人靠），见图 2-30。

小寨门高 4.6m，内高 3m，总长 6m，两边是展示区，柱距 1m，小门右边写有对季刀苗寨的介绍，左边画的是季刀苗寨的地形图，见图 2-31。

季刀苗寨寨门属于穿斗式结构，是悬山式屋面加歇山顶的形式，屋面盖的是小青瓦，石基是为了固定整体结构的位置，同时石基也是为找水平而设置的，也有防水防潮的作用。

---

① 罗德启. 贵州民居[M]. 北京：中国建筑工业出版社，2008：51.

图 2-31　小寨门

　　紧邻季刀苗寨寨门是停车场和观景台，这是为了发展旅游业而修建的，供游客停放车辆，同时可以很好地观看季刀上寨的全景，在观景台后面修建有民族文化浮雕，见图 2-32。

图 2-32　停车场和民族文化浮雕

　　季刀苗寨景观台民族文化浮雕由"九神图"、浮雕柱和碑文组成，见图 2-33。碑文对民族文化浮雕修建的时间、单位以及"九神图"内容进行了介绍，具体如下：

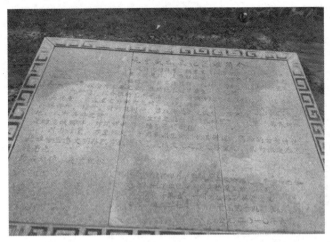

图 2-33　季刀苗寨停车场景观台民族文化浮雕

建筑是凝固的语言,是诗化的符号。凯里至雷山沿途著名的寨瓦、南花、季刀和西江千户苗寨等建筑群,是串联山水生态的深刻诠释,是绿色长廊的耀眼明珠。风格迥异的苗寨建筑群,以对生灵和大自然的敬畏及天人合一的理念为主要元素,生动地表达了原生态文化的丰富内涵。

"九神图"以夸张的艺术手法表现了苗族传统文化中九尊天神巡游的宏大场景,自左至右分别为龙神、火神、雨神、山神以及苗族祖先蚩尤、水井神、猎神、财神及树神。苗族传统文化认为,苗寨是"神灵庇护之地,人神共存之所",栩栩如生呼之欲出的"九神图"反映了苗民对神灵的虔诚膜拜、对风调雨顺和睦日子的向往。

刻刀作笔,万里幅尺,予石头以生命,让其讲述人与神的古老传说。此举为生态文明路凯雷线增添了民族文化之历史厚重感,又为旅途添加了几许亮色。

（2）高坡苗寨寨门。

高坡苗寨为三层小青瓦屋面的门阙式寨门,其位于高坡苗寨半山的入口处,是这几年为了改善村寨环境和发展旅游业而新建的寨门,见图 2-34。

图 2-34　高坡苗寨寨门

2．百年粮仓

季刀上寨的百年粮仓现在为市级文物保护单位，修建于 1368—1643 年，距今四百余年，粮仓都是两层的穿斗悬山顶木结构，一层堆放杂物，二层用于存储粮食，按类型分可以分为单仓、双仓和联排多仓，见图 2-35。

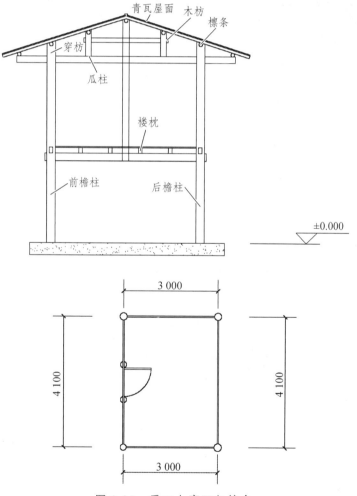

图 2-35　季刀上寨百年粮仓

百年粮仓群位于村寨中心位置，坐西南面东北，长 29.5 米。村中的百年古道从粮仓正中贯穿而过，目前还有 31 间，每间粮仓的平均面积为十多平方米，高 5 米左右，大部分保存完好，现在仍然能够发挥其功效，充分体现了苗族智慧。按照村民的说法，当年是为了防范人祸天灾，现在依然可以用来防火防盗、防鼠防潮，每当秋天谷物丰收的时候，粮仓里都会满载粮食。

3. 风雨桥

季刀上寨风雨桥的建筑风格与吊脚楼有其相似之处，它们是以柱、枋为基本构件，通过穿斗形成的完整空间，见图 2-36。平时是村里的老人交谈、小孩嬉戏的休息与休闲之地。

图 2-36　季刀风雨桥

2.6.2.3　公共空间

1. 鼓藏场

根据村寨里的传说，季刀上寨村不过鼓藏节，但村寨里依然保留鼓藏场遗址，其位于村寨后山的古树下，见图 2-37。但每当扫寨的时候，村寨的人也会汇聚到鼓藏场进行全寨的扫寨仪式。

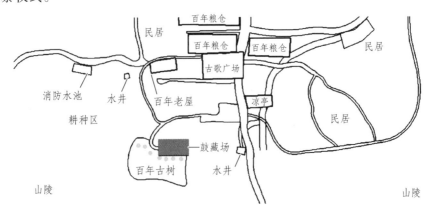

图 2-37　鼓藏场位置

2. 古歌堂

季刀古歌堂位于季刀上寨的寨中央,是一个边长为 13 米的正方形广场,里面由 5 个圆组成,有一个比较大的圆位于正中心,直径 4.6 米,它代表整个村寨;其余 4 个小圆分布在周围,直径 4.0 米,代表 4 个家族,两个潘姓,两个黄姓,见图 2-38。

图 2-38　古歌堂

在隆重的节日,季刀上寨各家族的长者到此进行古歌颂唱。颂唱的内容根据节日来定,吃新节唱吃新古歌,苗年节唱苗年古歌。当村里有重要的客人过来的时候,家族的长者便会唱开天辟地的古歌。

唱古歌时,寨里的老者成排相对而坐,由寨老行完歌前礼数后,领唱一个歌头,其他老者就唱和起来,顿时古歌堂上回荡起朴素而绵长的唱音。歌的曲调并不高亢华丽,却不失悠扬,以同样的旋律往复爬升,似乎讲述着一段曲折的往事。

现今,古歌因作为旅游开发的一个亮点而受人喜爱,也给季刀上寨带来了一定的经济收益。季刀上寨在进行旅游开发之前，古歌的传承和其他的村寨一样，都是上了年纪的老人才会唱，进行旅游开发之后，季刀苗寨中古歌传承者人数、年龄、传唱概率、传承方式、听众情况、唱词内容以及歌唱场合都发生了极大的变化。目前，季刀苗寨会唱苗族古歌的人有 30 多个，组建成了一支古歌演唱队伍，这支古歌队年龄最大的 80 多岁，年轻的也有 30 多岁。

3. 芦笙广场

季刀下寨的芦笙广场是在 2012 年 11 月 17 日建成的，得到了凯里市政法委和三棵树镇镇政府的资助，为了感谢各单位和个人捐资修建芦笙场，立下一个纪念碑，上面刻有个人和单位的捐资，此纪念碑立于公元 2012 年 12 月 1 日。

在芦笙广场两面有环形的凉亭，该凉亭建成时间与季刀苗寨下寨芦笙场完成时间相同。芦笙场旁的凉亭分为两个部分，分别为 L 形和弧形两种形状，见图 2-39。L 形在芦笙场的西边，凉亭总长 18.8 米、宽 2 米，亭顶高 3.6 米，地面到第一根梁高 2.4 米，而柱与柱之间的间距是 3.4 米，凉亭的立面图为两柱三弧。"弧形"在芦笙场的北边，亭弧长18.2 米、宽 2 米，顶高 3.6 米，凉亭总共有六排，每排两柱三弧。在凉亭的两边设置有"美人靠"，供村民休息。

图 2-39　季刀下寨芦笙广场

每每在重大节日之时，季刀下寨男女老少都会聚集在这里跳芦笙舞，附近村寨也会赶来一起进行庆祝。

芦笙广场是在村民的共同努力下建成的。建成后，在庆典那天寨民杀水牛庆祝，如今牛角仍然高挂凉亭边上。凉亭内挂有许多祝福牌，它们是其他单位及人士和村寨里出嫁的女儿在芦笙广场落成时挂上去的，见图 2-40。

图 2-40　季刀下寨芦笙广场凉亭内装饰

2.6.2.4　交通空间

1. 百年步道

季刀上寨的百年步道已有上百年历史，已成为季刀上寨的一个标志。百年步道作为村寨的主干道，将整个村寨连接在一起。铺设步道的青石是从河流中取来的，其晴天不积灰，雨天不积水。曾经有人提议在寨子里重修水泥步道，搞旅游开发，遭到村民的一致反对。

2. 三级道路

季刀苗寨村内的道路为树枝形式，村内道路主要分为三级：第一级是与外界联系的主干道，路面较宽，约为 4 米；第二级为进寨以后居民的主要步行道，路道宽 2 米；第三级为主干道分支到达每个居住建筑的次要步行空间，这种道路一般较窄，宽 1 米左右。这三级道路形成了寨内道路网，将整个村寨连成整体。

3. 季刀大桥

季刀大桥位于河流转角处，用于与对岸沟通，同时也成为季刀上寨和季刀下寨的一条分割界线。

2.6.2.5　水空间

1. 蓄水池/水井

苗寨内一般都分布有很多的泉眼，在泉眼处会形成水井或蓄水池，为苗寨提供充足的饮用水，这是苗寨生命之水，在苗寨中占据着十分重要的地位。以高坡苗寨为例，其选址就是以泉眼和水井为依托的。

季刀苗寨蓄水池一般有两种形式：一种是供消防使用的开敞式蓄水池，一种是提供生活用水的封闭式蓄水池，见图 2-41。

图 2-41　蓄水池

2. 排水沟

由于季刀苗寨的村寨都是依山而建的，村寨内部布满了纵横交错的排水沟，将村寨内部的雨水等有组织地进行排放，以保证村寨内部的安全。村寨早期的排水沟都用石头堆砌而成，后期的排水沟则用水泥进行修葺，见图 2-42。

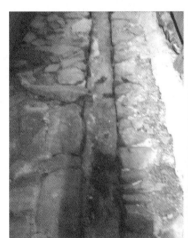

图 2-42　排水沟

2.6.3　村寨巷道分析

2.6.3.1　点、线、面结合的街巷平面形态

季刀苗寨节点街巷特点为轴线串联形式，整个村寨以一条主干道为轴线，向两边分支小巷将户与户联系起来，主要的节点空间——公共空间也都沿着主干道布置，整体构图简单，大街小巷相互连通，构成一个循环的系统。以季刀上寨为例，其街巷布置见图 2-43。

点：寨内的公共空间节点，为满足村民不同生活需求，并为共同活动提供一个场所，因此寨内分布着许多节点且都靠中间沿着主干道集中布置，承载村民的智慧与故事。

线：主要的街巷线网，以百年步道为主干道从中间位置直接穿过寨子，形成一条主轴线，然后向两边分散支路。路线布置灵活，从平面上看简单，符合一定的构图形式美原则。

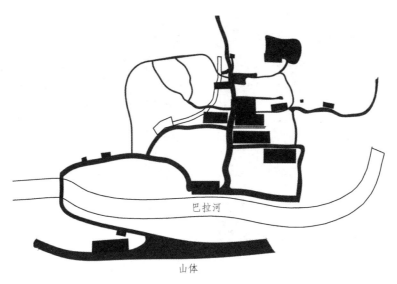

图 2-43 季刀上寨街巷布置

2.6.3.2 村寨道路形态

季刀苗寨内部街巷众多，除了几条主干道可以通车驶入外，其余以步道为主。平时村民的日常交通方式以步行为主，纵向高差较大的路面则用石片搭建的台阶连接起来。几乎每处房屋都有几条发散式小路，从而一户人家可以有几条路通往另外几户人家。寨子内的街巷随着地势的高低布置，大多呈曲线形变化，宽窄程度也大小不一。道路形式多样丰富，走过每一条街巷都会体验到不同感受，这也是现在传统村寨具有的独特道路。

季刀苗寨村内的道路为树枝形式，村内道路主要分为三级：第一级是与外界联系的主干道，为水泥路面，水泥主干道连通全村并且连通其他村寨，路面较宽，约为 4 米，这几年在中央财政支持下，每个村都通上了这种水泥主干道，也即"村村通"工程；第二级为进寨以后居民的主要步行道，多为石板台阶或石板路等，路道宽 2 米；第三级为主干道分支到达每个居住建筑的次要步行空间，此级步行空间较狭窄且零散，也以石板路或水泥路为主，这种道路一般较窄，一般宽 1 米。这三级道路形成了寨内道路网，将整个村寨连成整体，见图 2-44。村寨建设有寨门，寨门处是村寨的入口。

图 2-44　季刀苗寨三级道路

　　但每个村寨又有一定的区别，其中季刀上寨的第一级道路只是连接到村口，并没有进入村寨，这主要有两个原因：一是为了保护寨子里的百年古道；二是季刀上寨并没有连通到其他村寨的道路，所以寨子内对主干道要求并不迫切。季刀下寨和高坡苗寨的道路系统比较完整，以季刀下寨为例，见图 2-45。

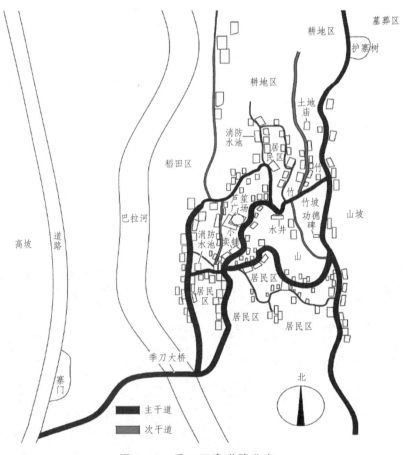

图 2-45　季刀下寨道路分布

2.6.3.3　建筑间与通道的形式

季刀苗寨的街巷间的格局主要有两种形式：

（1）两边是房屋，中间是过道。两边建筑物的距离决定过道的宽窄程度，受地势影响，寨子间的街巷并不宽敞。

（2）一边是房屋，中间是街巷，另一边是建筑石墙。这时相对两条等高线上的房屋而言，就需要石墙作为地基支撑承重房屋。

按照道路与周围环境分析，季刀苗寨建筑间通道可以分为吊脚楼式断面、半挑檐坡道式断面、全挑檐式断面和挑檐农田式断面四种形式，具体见表 2-4。

表 2-4　季刀苗寨建筑间通道的形式

序号	剖面形式	剖面图	实例	备注
1	吊脚楼式断面			建筑依山而建，根据地形的高差形成半吊脚形式，与在平面上的全吊脚形式中间的间隔形成通道
2	半挑檐坡道式断面			建筑形式为全吊脚形式
3	全挑檐式断面			等高吊脚楼之间形成的通道

序号	剖面形式	剖面图	实例	备注
4	挑檐农田式断面	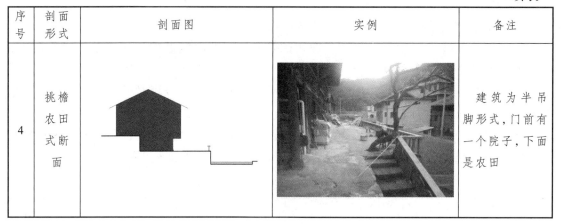		建筑为半吊脚形式，门前有一个院子，下面是农田

1. 吊脚楼式通道断面

由于季刀苗寨大部分房屋依山而建，所以村寨形成了典型的吊脚楼式断面通道空间。该通道空间结合地形、吊脚楼房屋的特点，是苗寨典型的通道断面形式。

2. 挑檐式通道断面

挑檐式通道断面是指两侧吊脚楼之间挑檐断面形成的通道空间形式。该断面充分利用底层空间，形成上窄下宽的通道形式。由于吊脚楼的吊脚层一般伸出场地60~90厘米，所以底层空间宽度要比上层宽1.2~1.8米。这种挑檐式的断面空间既适应东南地区多雨的气候，也解决了建筑排水、保护底层建筑墙体和避雨的问题。

3. 半挑檐式巷道断面

半挑檐式街巷断面是指一侧为山体、一侧为吊脚楼的通道断面形式。

季刀苗寨的通道断面形式上受到了山地形势的影响，在处理时，巷道断面会有台阶式和坡道式两种方式。由此，又可以把道路的断面形式细分为半挑檐台阶式断面和半挑檐坡道式断面。无论何种形式的巷道挑檐，挑檐宽度都在0.6~0.9米。

4. 挑檐农田式断面

对于季刀上寨和季刀下寨来说，许多民居与农田或巴拉河相邻，所以这里的道路往往夹在吊脚楼和农田之间，这样就形成了挑檐农田式断面。

由于受季刀苗寨山地形势影响，苗族房屋布局相对紧凑。季刀苗寨巷道大多比较狭窄，联系各家各户的巷道大多在2~3米，有的更窄，介于0.5~1米之间。

季刀苗寨的吊脚楼建筑一般有2~3层，通路一般宽2~3米。季刀苗寨的层高一般在2.4米，再加上坡屋顶，二层房屋高度在6.8米，三层房屋高度在9.2米，二层房屋的 D/H 值为0.44，三层房屋的 D/H 值为0.33，这样的巷道空间在理论上讲视线被高度收束，内聚感强烈，但由于苗寨特殊的山地环境会让视线随着山地的起伏而变化，视线被束缚感也就减弱了，并没有给人强烈的不舒适感，见图2-46。

图 2-46 巷道空间

2.6.3.4 通道界面

实际通道有侧界面和底界面这两个界面向度。在黔东南苗族村寨的通道空间中，侧界面是指围合通道的建筑立面、堡坎、自然坡地等要素，底界面则包括地形特征、地面铺装等要素。

1. 侧界面

在季刀苗寨的通道空间中，侧立面主要为建筑立面、堡坎、挡土墙等，有的地方还和溪流、农田等形成围合，和谐而不单调。

（1）建筑立面。

季刀苗寨的建筑立面主要分为以下类型：一种是全木结构房屋形成的建筑立面，其组成部分包括基础、墙面和屋檐三个部分，一般基础采用当地石材作垫层，墙面采用木板等，屋檐则采用木头及瓦片；另一种是新型的砖木结构房屋形成的建筑立面，其与前一种的区别主要在于墙面，其墙面下部材料可能是砖、石、土，上部是木，这种建筑立面在苗寨越来越多，见图 2-47。

图 2-47 不同建筑立面

（2）堡坎、挡土墙。

堡坎、挡土墙是季刀苗寨通道侧界面必不可少的构成要素。堡坎的主要功能在于建筑基础找平和防止山体滑坡，多用石材堆叠。绝大部分采取横铺石板的方式，大小不一的石块在层层堆叠后形成牢固、平整的挡护墙体；少部分采用竖向堆叠石板的方式，石板之间以较窄的界面垂直叠压，构成了独特的侧界面形式，见图2-48。

图 2-48 黔东南民族村寨挡土墙

2. 底界面

铺装是组成季刀苗寨通道底界面最主要的因素。通道形式有平地、坡道和台阶这三种。季刀苗寨通道中地面的铺装材料主要有卵石和石板，这些都是本地的乡土石材，一般会在路面上铺设一些纹样，如太阳、鸟类、蝴蝶等，这些图形与苗族图腾崇拜有关，见图2-49。

图 2-49 季刀苗寨通道地面

（1）铺地材料。

季刀苗寨特别是季刀上寨的百年古道用不规则的石块铺砌，没有修葺的痕迹，有浑然天成之趣，见图 2-50。

图 2-50　季刀苗寨铺地材料

（2）高低变化。

村落通道空间形态的形成与等高线息息相关，其底界面也因高低变化的地形丰富起来，蜿蜒起伏的通道使人们在行进过程中感受眼前不断变化的风景，增加了空间的引导性和趣味性。一般来说，坡道用于解决坡度较缓的地段，台阶则用在较陡的地段，但实际上由于地形条件复杂，台阶和坡道经常混合使用，进而产生更加丰富的空间层次，见图 2-51。

图 2-51　季刀苗寨的台阶和坡道

2.6.3.5　交通交汇空间

苗族传统村落的街巷尺度较为紧凑，大多数街巷节点空间仅为通过性交通空间，而当街巷与周边结合形成一定尺度的开放空间时，就会起到聚集人群、产生交往的作用。苗族村落的街巷节点空间的平面形式主要呈现 Y 字形、十字形、X 字形、T 字形四种，其结合周边空地形成较大的面状空间，提供聚集和停留的场所。

图 2-52 所示是季刀上寨的一处交汇空间，从中可以看出建筑与道路网的关系，图中深色区域是交汇处，有 7 条道路汇聚于此，是该区域的重要的交通枢纽。

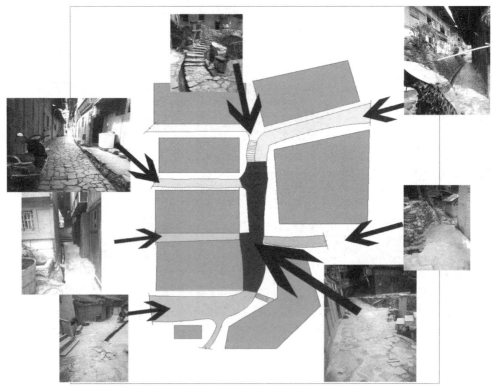

图 2-52　季刀上寨的一处交通交汇空间

2.7　村寨消防布局和排水系统分析

2.7.1　村寨消防布局

苗族传统村落大部分为木结构房屋，火灾是导致传统村落和民族建筑损坏和消失的最大隐患，近年政府加大投入，在村寨设置了大量消防设施。

季刀上寨的消防布局见图 2-53。从图中可以看出，消防栓与建筑呈流线形分布，越是房屋密集的地方消防栓越多，这对于村寨的消防安全起到了很好的保护作用。除了消防栓，村寨里还有消防水池和消防井。消防水池建在村寨的村尾以及村寨的上方，消防井主要与消防栓一起排布，这样的布局有利于在消防栓损坏的情况下，启用消防井。在一些房屋特别密集的地方会看到消防栓、灭火器、消防管箱共同安置。这些措施可以对火灾起到较好的预防作用。季刀苗寨消防设备见图 2-54。

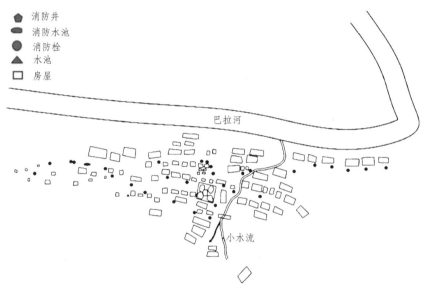

图 2-53　季刀上寨消防布局

图 2-54　季刀上寨消防设备

2.7.2 排水系统分析

由于苗族村寨依山而建,村寨内部设置纵横交错通畅的排水系统,以保证村寨内不会发生积水现象。

季刀上寨的排水系统见图 2-55。通过排水系统分布图可以看出,季刀上寨中间有一条小溪流经;一部分靠近小溪的房屋会根据屋檐的角度,将流水排向小溪流走;远离小溪的房屋,一般会根据房屋的地形和屋檐的角度,在自家的四周进行排水。相邻的房屋会将排水道连到一起,成为一条小的排水管道。在村寨内部有六七条通路清晰的排水小道,分别顺沿地势向下,最后与主排水道汇合,流向巴拉河。

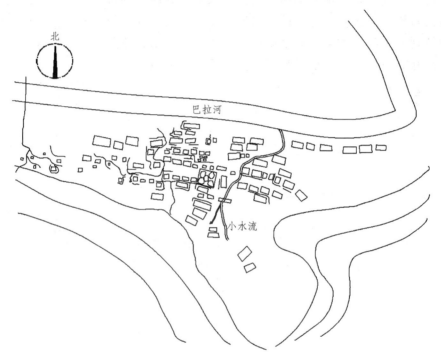

图 2-55 季刀上寨排水系统分析

第3章 村寨居住建筑

黔东南苗族民居起源于南方少数民族中最为普遍的干栏式建筑。黔东南以雷山县、台江县为中心点的苗疆腹地山高崖陡，苗族利用山区陡坎陡坡等不宜用作建筑地基的特定地貌，创造出了结构简单而又稳固的穿斗式木质结构的吊脚楼。苗族吊脚楼柱脚下吊、廊台上挑、因险凭高，以最经济的方法创造合理的居住空间。

苗族民居的基本功能空间有堂屋、火塘间、卧室、厨房、退堂、储物间等。苗族民居以堂屋为中心，在进行平面组合时，强调左-中-右横向间的空间序列关系，平面一般多在三个开间内布置完成，随居住要求完善。在基本单元组合时，其他使用空间围绕堂屋为核心，取对称性平面布局并呈放射形袋状序列。[①]

3.1 季刀民居基本类型

3.1.1 苗族干栏式民居的源流

干栏，一作"干阑"，俗称"吊脚楼"，在我国古代曾广泛流行于长江流域及其以南地区，是一种广泛分布的、古老的居住方式，如今在贵州、云南、广西、四川、湖南、广东和台湾等地还普遍使用。[②]

干栏式建筑是离地而建的房屋，其共同特征是通常用木，先用竹支起平台，再在平台上搭建房屋，居住面抬离地面，亦可称为"长脚的房屋"。房屋的形式多种多样，一般多是坡顶平房。[②]

在中国古代文献中很早就有关于干栏式建筑的记载，在《魏书·撩传》：依树积木，以居其上，名曰干兰，干兰大小，随其家口之数。《南史》卷七八，《梁书》卷五四《林邑国传》中：其国俗，居处为阁，名曰干阑，门户皆北向。《旧唐书》卷一九七《南蛮传》：东谢蛮……散在山谷间，依树为层巢而居，……坐皆蹲踞。《新唐书》卷二二二《南平僚传》：多瘴病，山有毒草蝮蛇，人楼居，梯而上，名为干栏。[③]从考古发掘看，中国除黄

---

① 罗德启. 贵州民居[M]. 北京：中国建筑工业出版社，2008: 132.
② 李先逵. 苗居干栏式建筑[M]. 北京：中国建筑工业出版社，2005: 132.
③ 张良皋. 匠学七说[M]. 北京：中国建筑工业出版社，2002: 33.

土高原之外许多地方都发现干栏遗存，而且甲骨文上出现的大量干栏形象，说明干栏之分布十分广泛。

张良皋在《匠心七说》里认为中国居住形态具备巢居—干栏、穴居—窑洞、庐居—帐幕"三原色"，其中干栏历史最为悠久，分布最为广泛，与筵席配套，形成了中国居住建筑主流。[①]

也有专家认为我国民居遵循着巢居与穴居两大序列发展。随着穴居的不断发展，其深度越来越浅，最后终于形成了土木结合的地面建筑形式；而巢居，也由简单的棚架式发展到成熟的梁架结构，最终形成了底部架空的干栏建筑形式。

王贵生教授在《黔东南苗族、侗族"干栏"式民居建筑差异溯源》一文中提出，黔东南苗族吊脚楼起源于我国古代穴居文化系统，侗族木楼起源于我国古代巢居文化系统，为我国古代北、南两大文化类型的不同代表。[②]

李先逵在《干栏式苗居建筑》中认为干栏式建筑发展的序列为：巢居→栅居→干栏→半干栏。巢居是干栏起源的原始形式，栅居是干栏发展的初级阶段，而半干栏是干栏在山地的继续和最后的发展，见图3-1。[③]

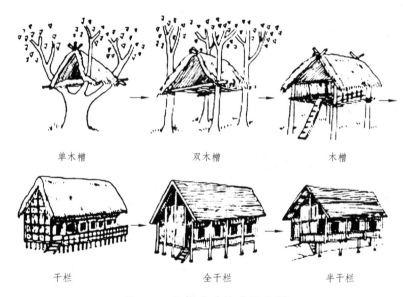

单木楮   双木楮   木楮

干栏   全干栏   半干栏

图 3-1 干栏式建筑发展序列

其大致把干栏式建筑的发展分为源起、雏形、成型、高潮和衰落等几个阶段。[③]

源起阶段：远古的旧石器时代和中石器时代是巢居的源起阶段。[③]

雏形阶段：整个新石器时代可以认为是干栏发展已具雏形，即栅居的时代。栅居作为干栏的低级阶段，在建筑史上为发展的首次飞跃。当时建筑特点是：排列较密的木桩，打入生土之中，底架用料粗壮，木构采用穿斗榫卯技术，见图3-2、图3-3。[③]

① 张良皋. 匠学七说[M]. 北京：中国建筑工业出版社，2002：33.
② 王贵生. 黔东南苗族、侗族"干栏"式民居建筑差异溯源[J]. 贵州民族研究，2009，29(3)：78-81.
③ 李先逵. 苗居干栏式建筑[M]. 北京：中国建筑工业出版社，2005：121.

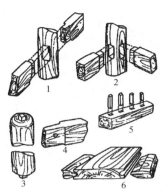

图 3-2　河姆渡遗址第四层出土的木构件示意

图 3-3　河姆渡遗址出土的榫卯构件实物

引自：浙江余姚河姆渡遗址第一期发掘报告（考古学报，1978.1）图五、图版三。

成型阶段：青铜时代是干栏建筑成型阶段。由于金属工具的出现，干栏建筑获得了长足的进步。它们表现出异常鲜明的干栏建筑特点：桩柱架空的底架，木构榫卯制作更加规整精细，有的用二柱或四柱支承底架和屋顶，尤以"长脊短檐"式屋顶最为突出，其山面搏风交叉出燕尾状构造，山面出厦，建筑布局较为多样。[①]

高潮阶段：战国、秦汉时期为干栏发展的高潮阶段，此后随中原汉式地居的普及发展，干栏式建筑才渐被取代。与早期干栏相比，该时期的干栏式建筑产生了很大的变化，而和后世的干栏极为相像，其形制和结构都奠定了以后干栏发展的基础。[①]

衰落阶段：汉以后，长江中下游地区干栏的发展已成强弩之末，开始走向衰落，但随着民族迁徙而向其他地区散播。干栏大都为所谓"深广之民"或"僚俚蛮夷"等少数民族使用，在西南地区各少数民族建筑中有较多的遗存。[①]

3.1.2　民居基本类型

苗族吊脚楼源于干栏建筑，分为全干栏与半干栏两种。季刀苗寨干栏式民居形式多种多样，以半干栏为主。季刀苗寨半干栏苗居与全干栏苗居在形式、尺度、构造上基本相同，只是半干栏底层进深相对较小。半干栏式民居都是根据地形进行设置，可以适应任何形式的地形，不受地形的影响，且由于木结构自重较轻，其居住层能保持完整，较好地适应了黔东南多山的地形，见图 3-4。季刀苗寨吊脚楼的形式各具特点，是与环境协调共存的典范，有纵向半吊脚、横向半吊脚，其中有的房屋只是有一个房角产生吊脚，其下面可以由道路穿过，这都不会影响房屋的使用。

---

① 李先逵. 苗居干栏式建筑[M]. 北京：中国建筑工业出版社，2005：121-124.

图 3-4　季刀苗寨吊脚楼

　　随着经济发展，季刀上寨、季刀下寨和高坡苗族的建筑形式多种多样，其既有原来保留下来的百年老宅，也有现在新修建的混凝土砖石结构的房屋，具体类型见表 3-1。

表 3-1　季刀苗寨建筑类型分类

序号	建筑类型	实例图片	备　注
1	木结构全吊脚楼		该建筑采取木结构全吊脚形式

续表

序号	建筑类型	实例图片	备注
2	木结构半吊脚楼		该建筑是半吊脚建筑，半吊脚层采用木结构形式
3	砖木结构半吊脚类型		该建筑是木结构半吊脚，吊脚层采用砖结构形式
4	土木结构半吊脚类型		该建筑是木结构半吊脚，吊脚层采用土结构形式
4	石木结构半吊脚类型		该建筑是木结构半吊脚，吊脚层用石头堆积围合而成

序号	建筑类型	实例图片	备注
5	地面楼		该建筑一般修建在比较平坦的底面上，地面层为居住层
6	砖结构半吊脚类型		该建筑是砖结构半吊脚形式，吊脚层采用砖结构
7	砖木结构全吊脚类型		该建筑是砖木结构全吊脚，底层是砖结构形式
8	砖混结构		该建筑是现代砖结构房屋

3.2　季刀苗寨传统民居

在季刀苗寨共采集到 41 栋住宅的数据，其中干栏式住宅 27 栋，地面式住宅 14 栋，除了楼梯和后面扩建部分，正房从两开间到七开间不等。从中可以看出，三开间和五开间民居占的比例较大，具体见表 3-2。

表 3-2　季刀苗寨建筑数据

干栏式民居	两开间	三开间	四开间	五开间	七开间
数量	3	6	4	11	3
组合楼		1		4	2
地面楼	两开间	三开间	四开间	五开间	七开间
数量	4	6	2	1	1
组合楼		1	1	1	1

3.2.1　干栏式住宅

1. 两开间住宅：杨少先宅（高坡苗寨）、杨忠兴宅（高坡苗寨）

杨少先宅（图 3-5）是一座两开间的木屋吊脚楼房屋，底层是牲口棚和杂物间，从侧面进入，没有楼梯上到居住层，与居住层完全隔离。居住层与地面在同一等高线上，主入口位于房屋后侧，可直接进入堂屋，堂屋位于居住层的核心，由堂屋可以进入火塘间、卧室和厨房，堂屋前侧是美人靠，厨房是后面加建的砌体，这种情况现在很常见；堂屋后侧有上到二楼的楼梯，二楼主要是杂物间和卧室。

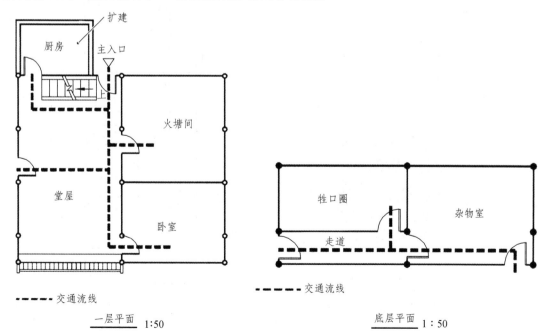

---- 交通流线　　　一层平面　1:50

---- 交通流线　　　底层平面　1:50

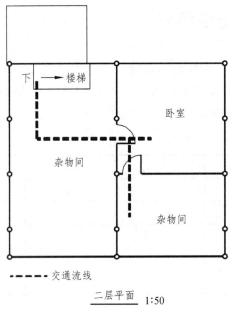

二层平面 1:50

图 3-5　杨少先宅

杨忠兴宅（图 3-6）是砖木混合结构，为侧吊脚结构，木结构只有两开间，在两侧有加建的砖房。在底层，木结构只有一个开间，主要是草料间和牛圈，加建了工具室和杂

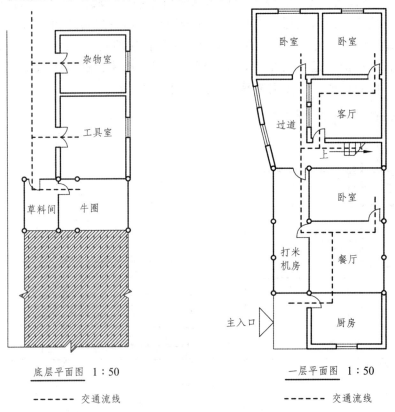

图 3-6　杨忠兴宅

物室；在居住层，加建了厨房、客厅和卧室，主入口从加建的厨房进入，是一种现代布局和传统民居混搭的形式，加建部分的客厅代替了原来堂屋的核心地位；阁楼层由于功能单一，只是作为杂物间使用，故没有进行绘制。

2. 三开间住宅：某住宅（季刀上寨）、黄仁福宅（高坡苗寨）、杨胜才宅（高坡苗寨）

该住宅（图 3-7）为错层吊脚楼，主结构为四排架三开间格局，在外侧添加立柱形成走廊，美人靠就设置在这个走廊的中部。该住宅依缓坡而建，为了充分利用地形，住宅入口设置在缓坡最高层，入口处为厨房，与其他房间形成错层。卧室紧邻走廊和美人靠，其采光效果是整个住宅中最好的。由于充分利用地形，住宅屋檐错落有致。二层平面主要作为住房和杂物间使用。

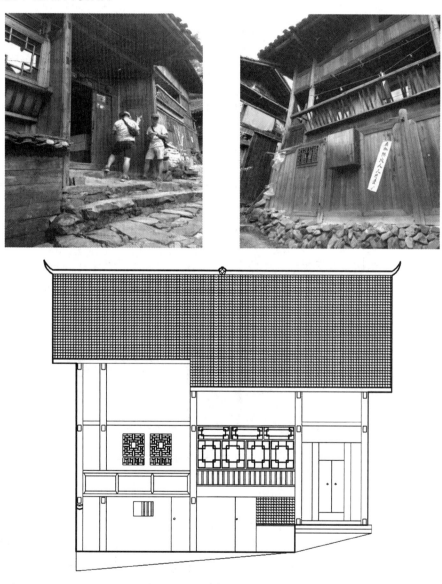

正立面图 1：50

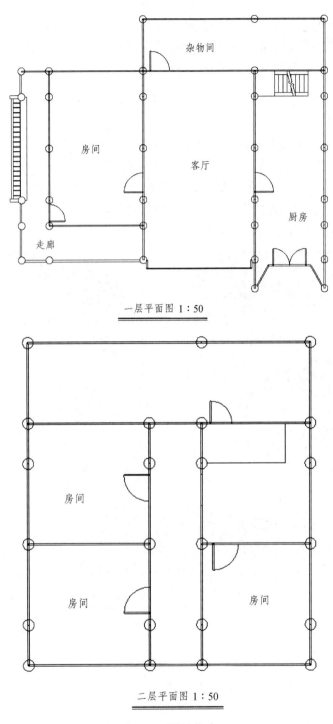

一层平面图 1:50

二层平面图 1:50

图 3-7　潘某住宅

　　黄仁福宅（图 3-8）建筑为砖木结构形式，整个房屋由底层砖结构，二、三层木结构构成，屋顶是以青瓦为材料的重檐双坡悬山屋顶。底层主要用来饲养牲畜和堆放杂物；第二层主要是家人活动的场所，第二层楼板的前半部分为木楼板，后半部分为水泥地面。在 2017 年调研期间，由于房屋施工还没有完全完成，只将卧室进行简单的隔离，房屋的外表面用树皮进行遮挡来满足居住要求；在苗族地区部分民居会出现建设周期比较长的情况，主要是由于屋主资金不到位，黄仁福宅就是如此，到 2019 年进行数据复核的时候，房屋才建设完成。

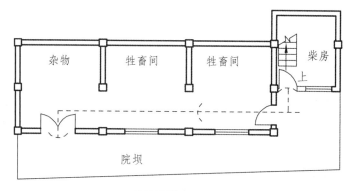

一层平面图

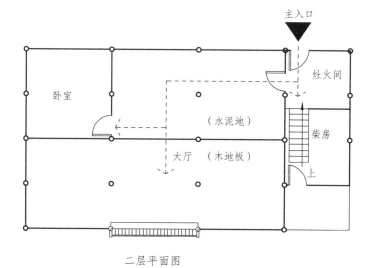

二层平面图

图 3-8 黄仁福宅

　　杨胜才宅（图3-9）底层和第一层都为木柱加砖墙的结构，第二层为木结构房屋，在砖木结构旁边加建了两层纯砖石结构，底层作为猪圈，在居住层有厨房、洗漱间和餐厅；居住层以堂屋为中心，堂屋居中，两侧为卧室，具有明显的一明两暗的布局形式；第三层主要作为住宅和储物使用。

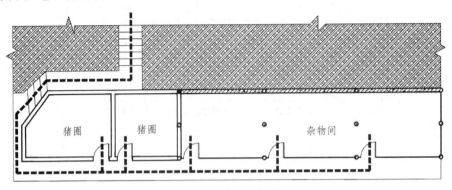

底层平面图 1∶50

------- 交通流线

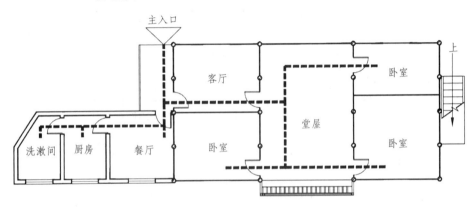

一层平面图 1∶50

------- 交通流线

图3-9　杨胜才宅

3. 四开间住宅：潘德智宅（高坡苗寨）、黄仁清宅（高坡苗寨）、黄德芳宅
（高坡苗寨）、潘年军宅（高坡苗寨）

潘德智宅（图 3-10）底层为三个单间，依次为牛圈、猪圈、杂物间。居住层有两个
入口。一个主入口在最左侧扩建的厨房，通过厨房进入餐厅，然后进入客厅。另一主入
口在右侧通过走廊依次进入扩建的房间客厅和厨房，然后进入火塘间，再由火塘和客厅
进入堂屋，形成了一个主中心、两个副中心的布局形式：主中心为堂屋，其位于整个楼
层中心，且向阳布置；两个副中心为客厅和火塘，分居左右，其分别联通卧室、餐厅等
房间。二楼有两个楼梯分别位于客厅和火塘间，通过二楼右侧进入相连着的三间杂物室。
左侧楼梯进入两间房间，通入杂物室。

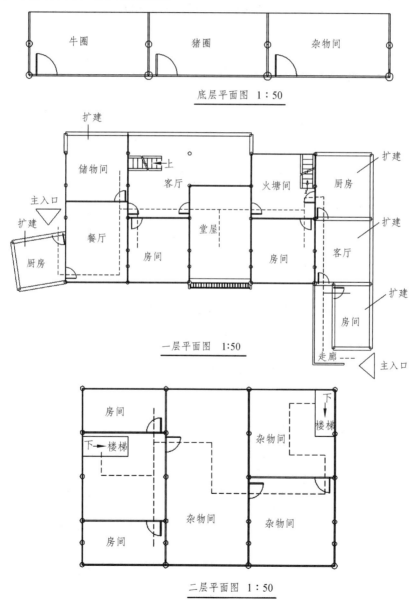

图 3-10　潘德智宅

　　黄仁清宅（图 3-11）为土木结合的结构形式，底层是砖结构，二、三层是木结构，屋顶是以青瓦为材料的歇山屋顶，建筑主要以木隔板为装饰。模板和柱都被刷成亮黄色。在正面中间处设有美人靠，外加窗口形成了木制房屋的装饰美。底层是杂物间和牲畜间，材料以砖为主配上木制柱子，二楼是人居住和活动的场所，厨房和杂物间主要采用砖结构，居住空间是木结构，在二层的大厅没有用木板隔断，形成了较大活动空间。

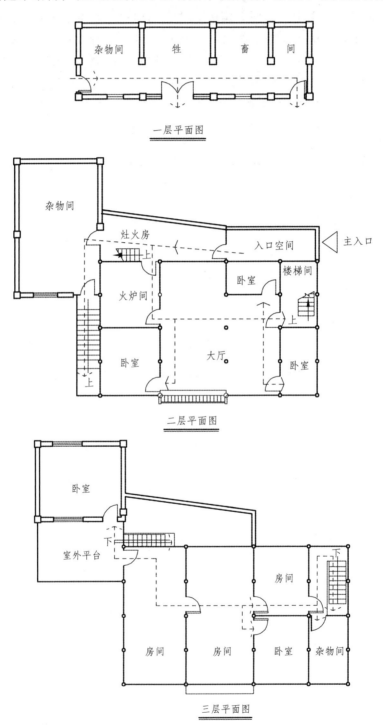

图 3-11　黄仁清宅

黄德芳宅（图 3-12），也是砖木混合结构，底层是砖结构，二、三层是木结构，屋顶是双坡悬山屋顶，房屋主要以木隔板为装饰。底层是厕所、杂物间和牲畜间，其入口位于左侧。居住层的主入口位于加建的厨房中，堂屋位于中心，楼梯间和过厅形成过渡空间，居住层右侧为房屋的私密区域，大部分卧室和上楼通道都位于过渡空间。

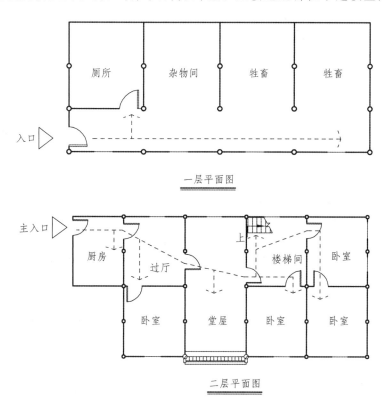

069

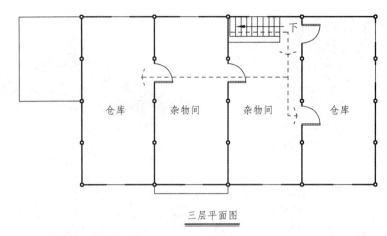

三层平面图

图 3-12　黄德芳宅

　　潘年军宅（图 3-13）在居住层后侧有一个主通道，从外进入民居房屋，在两侧加建有砖房，居住层形成了一明两暗和前堂后室的混合布局形式：堂屋位于房屋中心，通长布置；餐厅、过间等位于居住层的后侧，与入口连通；卧室主要位于房间前侧，保证了其私密性。

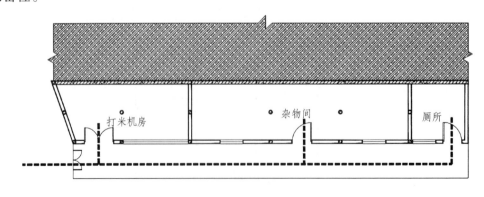

底层平面图　1：50

- - - - - - - 　交通流线

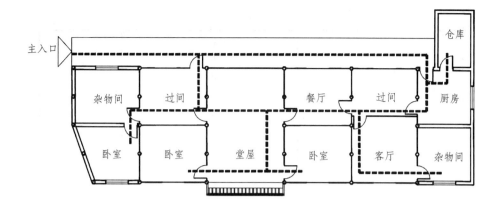

一层平面图　1∶50

▬ ▬ ▬ ▬　交通流线

图 3-13　潘年军宅

4. 五开间住宅：潘年恒宅（季刀下寨）、黄银宅（高坡苗寨）、潘年洪宅（高坡苗寨）、潘年成宅（高坡苗寨）、杨绍花宅

潘年恒宅（图 3-14）为半吊脚楼，其楼面中柱以后为素土地面，中柱以前为木楼板。该房屋居住层从两侧进入；在居住层堂屋和餐厅位于中心地位，其贯穿整个跨度；卧室位于中柱的前面，面积较小，但采光和通风较好；火塘和厨房位于中柱后侧靠近山体的部分，便于用火。通向二楼的楼梯在房屋外面，这也是季刀苗寨许多苗族民居进入阁楼层的主要方式之一，由于居住层已经有三个房间，能够满足生活需要，所以二层主要是杂物间，平时很少使用。

黄银宅（图 3-15）为三层，底层是家畜和杂物间，从左边门进入，右侧两间相通。一层主入口位于右侧后部，该处为加建的厨房，与厨房相邻的是饭厅。居住层的堂屋跨度很大，宽度为两个排架的距离，形成了大空间，这种格局在传统苗居中较为少见。在该层按面积大小排序依次为堂屋、客厅、火塘、卧室，从面积大小就可以看出其在苗族民居中的重要性顺序。二楼入口是在厨房的楼梯处，二层主要为储藏室和杂物间。

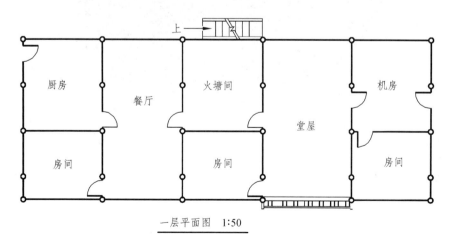

一层平面图　1:50

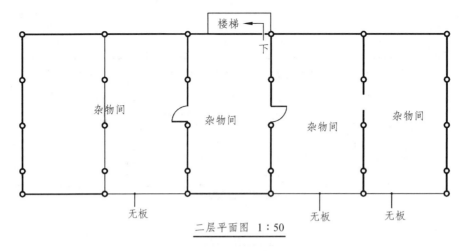

二层平面图 1：50

图 3-14 潘年恒宅

底层平面图 1：50

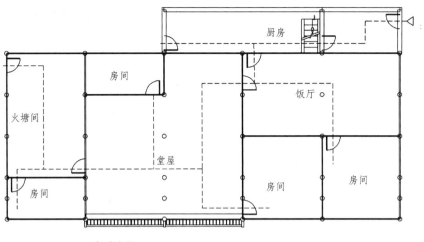

一层平面图　1:50

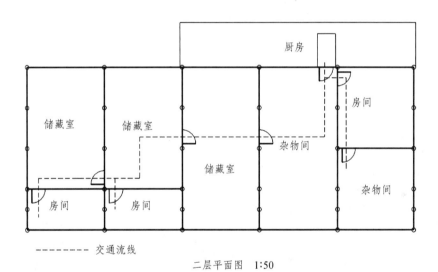

二层平面图　1:50

图 3-15　黄银宅

潘年洪宅（图 3-16）为木质吊脚楼，主入口位于侧面中部，房屋前部功能较为完整，后部构造不规则，主要作为过渡空间使用，楼梯位于楼层中部，可以较为方便地进入阁楼层。

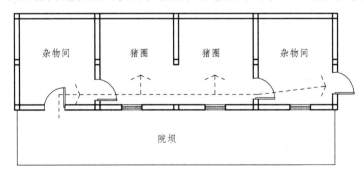

一层平面图

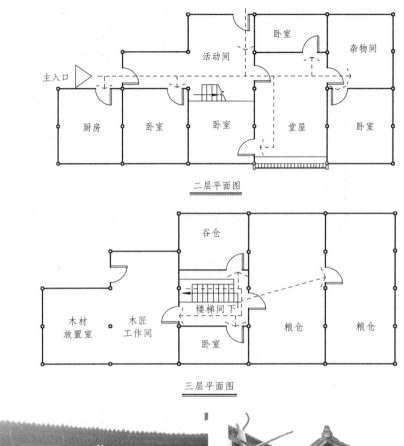

二层平面图

三层平面图

图 3-16   潘年洪宅

户主为一个六十多岁的老木匠，从小跟随父亲学木匠，这房子大多数构件和板块都由自己加工制作，儿女不在家，只剩他和老伴儿住这栋大房子。在房屋阁楼层，除了常规的储存室外，还有一个木匠工作间，是老人平时工作的地方，里面存放着老木匠的许多工具。

潘年成宅（图 3-17）为双堂屋格局，房屋的主入口在后面加建的厨房处。和季刀苗寨的许多民居一样，这也是两兄弟合建的房屋，两户人家各自空间相对完整，两户人家共同使用底层和打米机房。

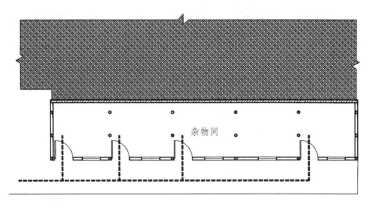

底层平面图 1 : 50

------- 交通流线

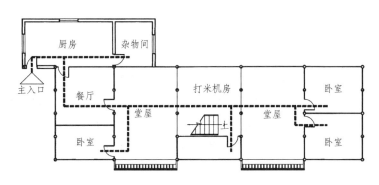

一层平面图 1 : 50

------- 交通流线

图 3-17　潘年成宅

　　杨绍花宅（图 3-18）完整地来说是四个半开间，在主入口处只有半开间，形成了一个卧室，体现了苗族人对空间的充分利用，居住层的大开间为堂屋、餐厅、客厅，卧室大部分位于大开间剩余相对狭小的部分，反映了在苗族民居里卧室的地位较低的特性。

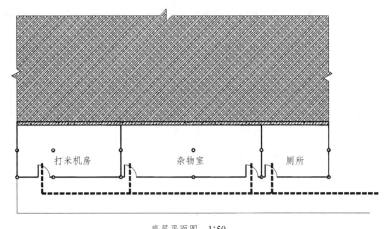

底层平面图 1:50

------- 交通流线

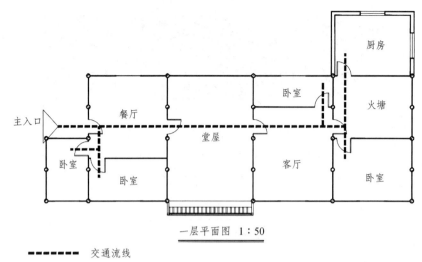

一层平面图 1:50

▬ ▬ ▬ ▬ ▬ 交通流线

图 3-18 杨绍花宅

5. 七开间住宅：潘正则宅、潘万军宅

潘正则宅（图 3-19）建筑类型是砖木结构半吊脚类型，其主要包括新旧两部分，新房子和老房子建在一起，用一个砖结构的厨房连接，居住层主入口位于中间的厨房处。厨房左侧是老房子，保留堂屋和火塘间，右侧是新房子。新房子有一个很大的客厅，在客厅前设置了美人靠，保留着苗族的审美特性。底层部分，旧房子为牲畜间，而新房底层是一个杂物间。

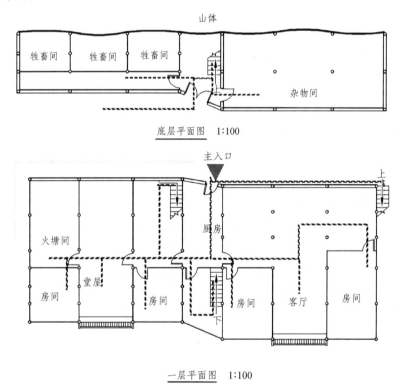

底层平面图 1:100

一层平面图 1:100

图 3-19 潘正则宅

潘万军宅（图 3-20）是个三户混住的民居，为了满足三户对空间的要求，在房屋的后部进行了扩建，三户人家都有自己的堂屋、火塘、厨房、卧室等。但三户人家没有完全进行分隔，而是既相互分离又相互融合，是一种大家庭的居住形式。

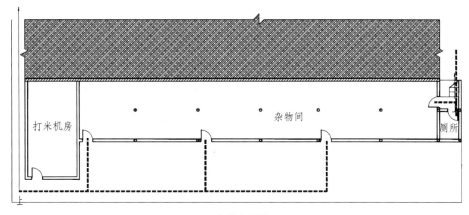

底层平面图 1：50

------　交通流线

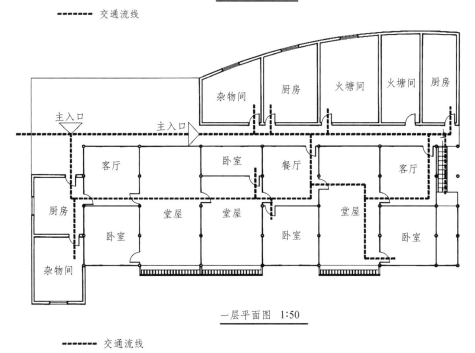

一层平面图　1:50

------　交通流线

图 3-20　潘万军宅

3.2.2　地面楼

1. 两开间住宅：潘板朽宅、潘万宗宅、黄建河宅

潘板朽宅（图 3-21）为百年老宅，该建筑原来总体呈田字格形式，一层楼面为素土地面。住宅主入口由后期修建的灶房进入，通过灶房左上角的门洞向前进入火塘间，堂屋与火塘间横向并列，两间卧室位于后方，类似前堂后室的布局形式；堂屋上方无阁楼，

形成通高，通过堂屋的楼梯可上至二楼，二楼房间之间的隔板未至屋顶，呈半分隔状态。

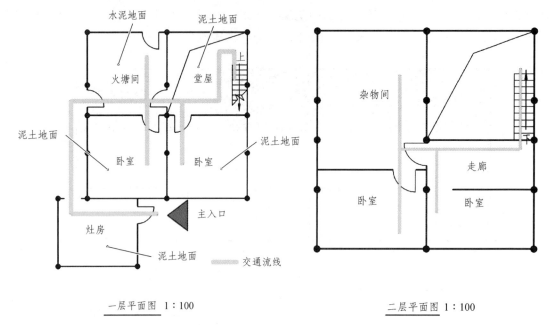

图 3-21　潘板朽宅

潘万宗宅（图 3-22）没有堂屋，其房屋呈现串联关系。一层呈左右分隔状，内部不连通，唯有通过住宅前方的门逐个进入。住宅有两层，楼梯位于右侧的杂物间内，通过建筑右侧的偏房便可到达杂物间，它连着一间卧室，和一条半围绕式的走廊，供房屋主人休息及欣赏风景。二楼的房间则很少使用，基本都用来存放粮食及各种杂物。

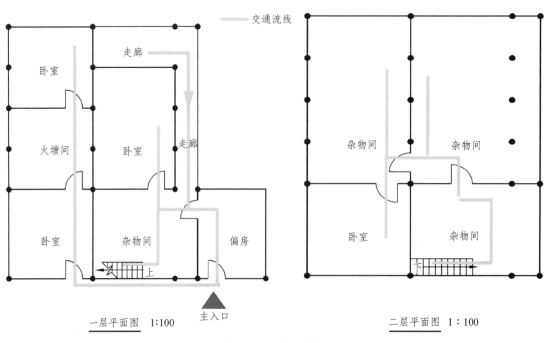

图 3-22　潘万宗宅

黄建河宅（图 3-23）居住层主入口位于火塘间，从火塘间可以依次进入堂屋、卧室，整个房间呈现串联状态。楼梯位于右侧山墙处，可以直达二楼。

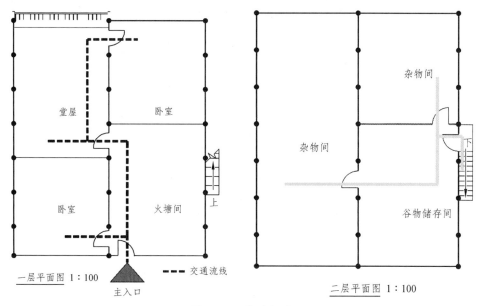

图 3-23 黄建河宅

2. 三开间住宅：潘应科宅（季刀下寨）、潘年武老宅（季刀上寨）、潘应强宅（季刀下寨）、黄建平宅（高坡苗寨）

潘应科宅（图 3-24）居住层为典型的连廊堂屋型布局，主入口在左后边，通过连廊可以进入堂屋和厨房，再由堂屋进入左边房间，堂屋是该居住层的中心。右边的房间已经封闭，通过另一个次入口进入，这是分家导致，属于另一户人家，但由于没有人居住，房屋处于闲置状态。

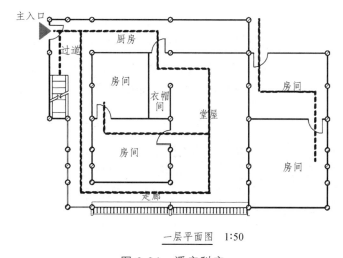

一层平面图 1:50

图 3-24 潘应科宅

潘年武老宅（图 3-25）是季刀上寨的老宅之一，现在已经没有人居住了。该住宅在起初只有一个堂屋，居中布置，后来由于兄弟分家形成了双堂屋，两间堂屋并列居右。

从大门进入堂屋，通过左边的杂物间到达左侧厨房，杂物间位于堂屋与厨房之间。

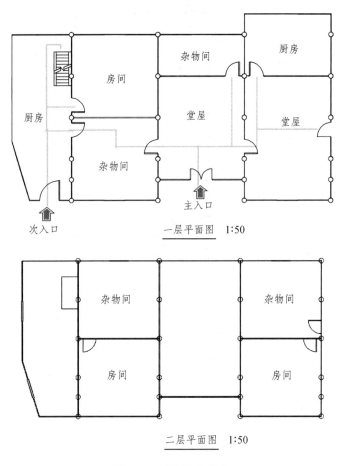

图 3-25　潘年武老宅

　　潘应强宅（图 3-26）为底层为砖木结构，底层建有一个打米机房，同时给居住层提供了入户平台。第一层为砖木结构，生活用房几乎都在这一层。该民居在一层和二层都有一个堂屋，但二层堂屋更加正规，形成了一明两暗的格局，一层堂屋是为了祭祀祖先更加便利而设置，因为苗族习惯在吃饭时对祖先进行祭祀，故将其设置在餐厅旁边。

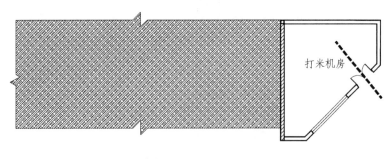

底层平面图 1：50

- - - - - - -　交通流线

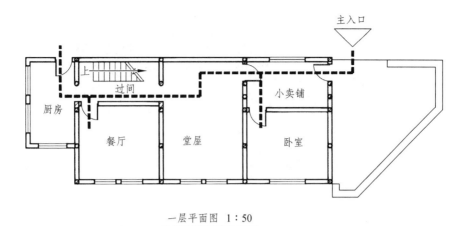

一层平面图 1：50

▬▬▬▬▬▬▬ 交通流线

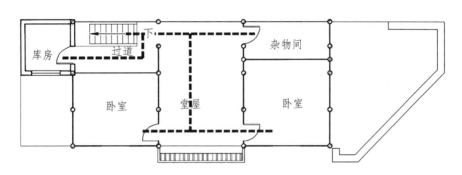

二层平面图 1：50

▬▬▬▬▬▬▬ 交通流线

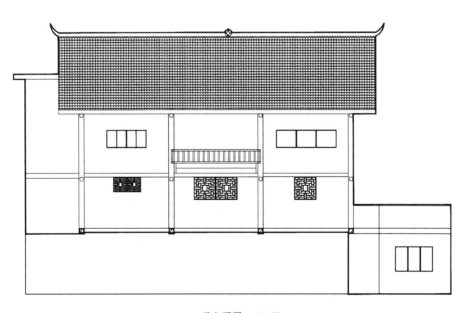

正立面图 1：50

图 3-26 潘应强宅

黄建平宅（图 3-27）是典型底层为砖石结构的地面楼，其底层和二层是居住层，厨房和餐厅位于底层，在底层还有两个卧室；二层主要承担的是对外接待的功能，堂屋、火塘等聚会空间位于二楼，是房屋的核心部分；三楼主要是作为卧室和储存空间混用，在中柱之间形成走廊，卧室和杂物间分居走廊两侧。

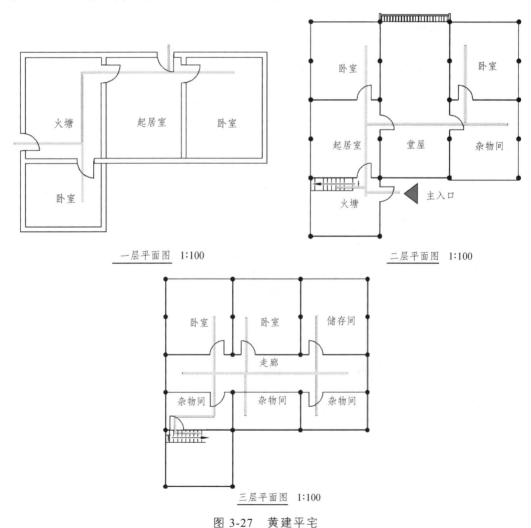

图 3-27 黄建平宅

3. 四开间住宅：周志英宅（高坡苗寨）

周志英宅（图 3-28）由于地形限制，其房屋平面布局几乎为正方形，其主入口位于一层右侧的厨房处，其中轴线为厨房—堂屋—火塘间，其他房间都围绕这个轴心来布置，卧室一般位于空间的末端，空间较小；二层作为存储空间。

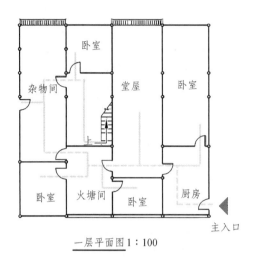
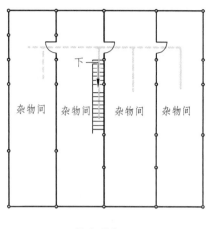

一层平面图 1：100　　　　　　二层平面图 1：100

图 3-28　周志英宅

4. 五开间住宅：潘年荣宅（季刀下寨）

潘年荣宅（图 3-29）为双堂屋组合结构，主入口在前面右侧过道处，次入口在右边扩建的房间内里，此房间是厨房，后面为工具室。通过厨房可以进入过道间，工具室内直通过道，方便取用。过道右边直通饭厅，饭厅的选择和过道相连更方便。饭厅前通火塘，方便吃饭和烤火；饭厅直通堂屋，堂屋直连左边饭厅；饭厅又连接着杂物间和火塘。通向二楼的楼梯在左前侧和右后侧均有。二楼三间卧室和客厅相连，中间堂屋和左边房间相连，左边楼梯直通走廊。

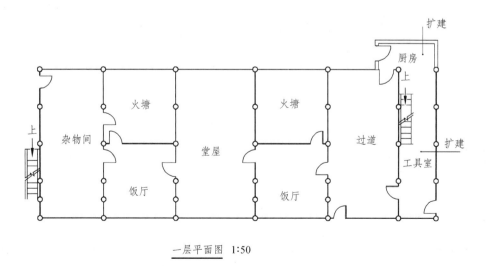

一层平面图　1：50

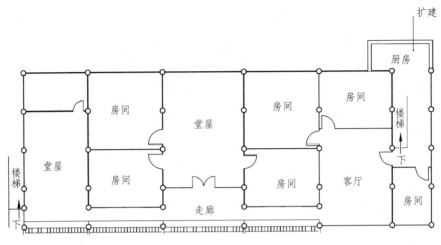

一层平面图 1:50

图 3-29　潘年荣宅

5. 七开间住宅：顾先秀宅（高坡苗寨）

顾先秀宅（图 3-30）居住着两家人，第一主入口在左侧，进入厨房，通过走廊进入房间，由厨房处的门进入火塘，连接前面的房间；通过火塘进入客厅，客厅前面是房间。客厅两门分别进入小卖部和堂屋，由堂屋门进入走廊。另一主入口依次进入厨房、客厅和房间处。通过客厅处的门进入堂屋，由后面的门进入房间，另一门进入堂屋。堂屋连接着后面的房间。

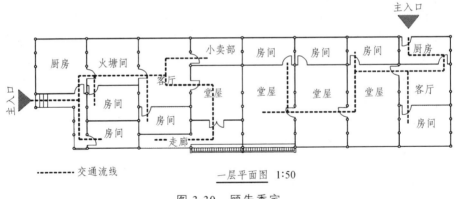

一层平面图　1:50

图 3-30　顾先秀宅

3.3　干栏式住宅

3.3.1　苗族干栏式住宅构成要素

季刀苗寨吊脚楼能充分适应山区地形进行灵活布置，其居住功能按层分区，简单明确合理，生产、生活和储存分工明确又相互结合，形成了有机的整体，具有旺盛的生命力，时至今日依然是苗族人主要的居住形式。吊脚楼按功能分为三层，分别是以生产为中心的底层、以住为中心的居住层和以储存为中心的阁楼层①，见图 3-31。

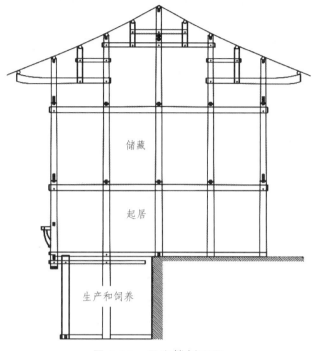

储藏

起居

生产和饲养

图 3-31　吊脚楼剖面图

季刀苗寨许多吊脚楼居住层的楼面是半素土半木板楼面，这类房屋为半吊脚楼房屋。房屋前半部分是吊脚层，后半部分是地面，所以兼具吊脚楼和地面楼的特点，是苗族人民充分利用环境的典型代表，见图 3-32。

图 3-32　吊脚楼半素土半木板地面

① 李先逵. 苗居干栏式建筑[M]. 北京：中国建筑工业出版社，2005：33.

根据苗族干栏民居的实例，室内空间可以分为生活空间（堂屋、火塘、客厅、卧室）、生产空间（架空层、晒台、粮食储存间）和辅助空间（杂物间、厨房、卫生间）、交通空间（退堂、走廊、楼梯、美人靠）。

3.3.1.1 生活空间：堂屋、火塘、客厅、餐厅和卧室

1. 堂屋

苗族干栏式民居其居住层围绕堂屋为中心而布置，形成"前堂后室"或"堂屋居中贯通"的中心式平面布局，见图 3-33。堂屋是苗族干栏式民居的交通枢纽，是室内外和房屋内部上下左右的联系中心，由堂屋可以自由进到各个房间，也可以通过楼梯或踏道进入架空层和阁楼层。

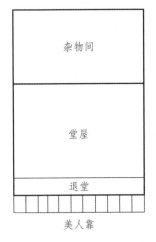

图 3-33　堂屋布局

堂屋是苗族干栏式民居最神圣的地方，一般位于居住层的中心，在堂屋正中后壁一般设置神龛，在神龛后面的墙壁上一般悬挂先辈照片，前置供桌，摆设祭品，见图3-34。

堂屋是一个家庭对外社交的活动场所，有外人来访的时候，一般都是在堂屋前端美人靠上落座，因为该处光线最好。在逢年过节、婚丧娶嫁等有众多客人来访的情况下，

图 3-34　苗族吊脚楼堂屋

一般都在堂屋摆上长桌宴，见图 3-35。堂屋是苗族干栏式民居面积和开间最大的房间，是一个公共仪式性空间。堂屋一般与退堂连接，退堂外侧或堂屋向阳处布置美人靠，见图 3-36。

图 3-35　堂屋接待活动

平时堂屋摆设不多，显得空旷，有些家庭甚至把堂屋用来堆放粮食或将收获的玉米等作物挂在堂屋木梁上，很多苗族堂屋都有晾晒粮食的架子，见图 3-36。

图 3-36　堂屋布局

2. 火塘间

黔东南山高地寒，潮湿多雨，苗族有向火而居的习惯。在黔东南，苗族很少像汉族一样炒菜，却有终年围火塘吃火锅的习惯。同时火塘也是冬天亲戚朋友聚会交流的重要场所，是吊脚楼中最活跃的部分，是苗族干栏式民居使用最为频繁的区域。

火塘间与堂屋、厨房的关系十分密切，其兼具堂屋和厨房的功能，不仅可用来取暖饮食，还可以兼作聚会场所，在部分民居里甚至祭祀祖先也是在此完成。所以在苗族民居里，火塘一般与堂屋和厨房相邻，或是位于两者之间，但也有与堂屋和厨房形成三角关系的，这个组合是苗族堂屋的核心地带。

火塘一般二尺见方，常有两种做法。一是在地面上掘坑，深半尺许，周拦以边石。另一种是在木楼面上开洞，上置木盒或垫板，围石盛土。火塘上立铁制圆形三脚架，上置锅烧煮，见图 3-37。现在许多季刀苗寨的火塘间被取消，有的虽然有火塘间，但并没有火塘，而由火炉取代，但其与火塘的功能相同，可以用来取暖和加热食物，见图 3-37。

图 3-37　火塘间

冬天季刀苗寨居民依然是以火塘为中心，全家围着火塘取暖、聊天、吃饭、休息；当有亲朋好友来访时，也多在此设宴就餐，围坐火锅，畅饮苗族自家酿的米酒，酒歌互答。

苗族火塘间现在也面临新时代的冲击。首先是取暖的能源发生了重大变化，以前取暖都是用木材，所以火塘必不可少，现在更多的家庭取暖采用电暖桌，它能够完全代替火塘。而且随着国家对生态环境的重视，对木材砍伐控制越来越严格，木材资源也不断减少。其次火塘采用火炭，污染环境，传统的火塘间的四壁都是黑黑的，影响美观，同时火塘易发生火灾，而电暖桌就没有这个问题。最后，由于电视、电脑的普及，家庭休息、娱乐的方式发生了很大的改变，传统的围坐火塘烤火聊天的生活方式已经难以维系，火塘间作为家庭中心发生了转移，更多的家庭将火塘间与电视间进行了合并。①

3. 客厅和餐厅

现在苗族民居依然保留着很多历史的痕迹，但随着经济发展，整个民居规模比以前扩大了很多，房间数量增多，所以很多苗族吊脚楼里面出现了餐厅和客厅，其一般位于堂屋的两侧，取代了火塘间的功能，见图 3-38。

图 3-38　餐厅和客厅

4. 卧　　室

季刀苗寨吊脚楼的卧室不大，仅仅供夜间休息之用。主卧室多位于吊脚楼的前部，朝向较好，这里光线充足，空气清新，冬则阳光温暖，干燥舒适，见图 3-39。

图 3-39　卧室

① 王展光，蔡萍，彭开起. 当代黔东南苗族民居平面的改变[J]. 重庆建筑，2018，181(17): 12-14.

3.3.1.2 生产空间：架空层、晒台、粮食储存间

1. 架空层

架空层位于苗族吊脚楼底层，一般层高较低，在 2 米左右。为了保持居住层的相对整洁，苗民将架空层作为杂物存放和家禽牲畜饲养的场所，架空层在苗族吊脚楼中具有不可替代的作用。早期苗族吊脚楼架空层几乎是用木板进行围挡，随着经济的发展，现在架空层也发生了较大变化，在底层采用石、砖砌结构的越来越多，上面依然保留木结构的形式，形成了一种新的木构架加砖砌围合的混合形式。底层采用砖砌围护结构可以增加吊脚楼的稳定性，同时密封性也得到了增强[①]，见图 3-40。

图 3-40 吊脚楼底层

苗族吊脚楼的架空层主要有如下功能：

（1）饲养家禽牲畜。

饲养家禽牲畜是架空层的基本功能之一。苗族将牲口棚放在底层是历史的产物，早期黔东南人烟稀少，一是为了节省空间，二是牲口可以抵御荒蛮时期的野兽，见图 3-41。但现在随着人们对居住的舒适性和卫生要求越来越高，苗族越来越多地将牲口棚外迁，建在房子的外端，单独设立[①]。

图 3-41 吊脚楼底层饲养

① 王展光，蔡萍，彭开起. 当代黔东南苗族民居平面的改变[J]. 重庆建筑，2018，181(17): 12-14.

（2）舂磨加工。

黔东南山高路险，在几十年前，有的村寨会有公共的水碾房进行谷物加工，但更多的村寨没有水碾房，所以苗族会在底层配置石磨等加工工具进行粮食的处理，自给自足，这是早期许多苗族吊脚楼的必备设施。

（3）杂物堆放。

架空层内部空间有的不加隔断，为一通长雨道式空间，主要用途之一就是堆放杂物。苗民会把农用工具、柴禾木料、饲料肥料等放在架空层进行储存，见图3-42。

图 3-42　吊脚楼底层存放杂物

苗居吊脚楼架空层可以将生活中的杂乱脏部分与居住层分开，克服了其不便居住又有碍观瞻的缺点。

2. 晒　台

晒台是黔东南地区山地民居中较为常见的一种建筑形式。由于山地地区没有良好的场地条件供生产作物的晾晒，当地的人们就利用一些简易的木料、树枝、树皮等搭建简易的平台，可以晾晒谷物，闲暇时又可作为临时杂物搁置架，但现在已经很少存在，见图3-43。

图 3-43　晒台

3. 粮食储存间

由于黔东南天气潮湿雨水多，粮食谷物极易受潮，所以在苗族民居里面大部分都有粮仓储存间。苗居粮仓储存间主要位于阁楼层，苗族储存粮食大多为散堆，见图 3-44。这样有利于粮食的自然风干，对粮食储存有利，但也存在容易被老鼠偷吃的风险，所以在季刀上寨就修建了集中的粮仓。粮仓采用干栏式架空设置，可以很好地防止鼠害。

图 3-44　阁楼储存粮食

阁楼通常连通为一个整体，横向各构架处不设间隔，有的房屋两面山墙封闭，有的房屋四周墙壁也不封板，设板壁围护者也多前后开窗，因此整个阁层空气连通为一体，对流良好，有利于风干粮食，见图 3-45[1]。

图 3-45　开敞的阁楼

阁层的交通联系除前述在居住层设搬梯或固定板梯外，有的则利用地形设置天桥与后坡相通。天桥为活动式跳板，必要时搭设，以供搬运粮食等专用，不影响居住层的生活。[1]

---

① 李先逵. 苗居干栏式建筑[M]. 北京：中国建筑工业出版社，2005：45.

3.3.1.3　辅助空间：杂物间、厨房、卫生间

1. 杂物间

苗族是农耕民族，在生活生产过程中有许多东西要储存，所以大部分苗族民居里有杂物间，一般利用堂屋后面的小房间或"磨角"等来作为杂物间，见图 3-46。杂物间一般空间较小。

图 3-46　杂物间

2. 厨　房

苗族民居厨房一般单独设置，许多民居的厨房是在正房之外，形成一个偏厦或披檐用来作为厨房。偏厦一般比正屋要矮 60 厘米左右，而且厨房与火塘相连，苗家人一般在厨房做饭，在火塘间吃饭。随着厨房用具的增多，苗族利用屋角设置简单的隔板以放置物品，见图 3-47。

图 3-47　厨房隔板

随着苗家人生活水平的提高，现在新修的苗族民居，厨房的设置已经发生了变化。

很多家庭在修建吊脚楼时，将厨房单独修建，与主房吊脚楼分开，并多采用砖砌结构。这是由于苗族吊脚楼常采用木结构形式，木结构的重大缺点就是火灾隐患大，几乎每年都会发生火灾，导致许多村寨被烧毁。这是苗族村寨一直面临的重大灾害问题，而厨房是用火的主要场所，也是火灾的最重要源头。所以将厨房与主房吊脚楼分开，并采用砖砌结构，这样大大降低了火灾的发生率，见图 3-48。[①]

图 3-48　厨房

3．卫生间

原来旧式苗族木结构民居里面一般不设置卫生间，卫生间一般在房间外，便于收集农家肥。随着大量苗家人外出务工和对生活便捷、舒适度的要求，新建楼房中卫生间也与其他房间连接在一起。

3.3.1.4　交通空间：退堂、走廊、楼梯、阳台

1．退　堂

退堂是苗族进行休息、晾衣、娱乐和与邻里交流的场所。它是由堂屋退进一步或两步并与走廊的一部分共同合成的一个半户外空间，是走廊进入室内堂屋的过渡区域，也是堂屋前的缓冲地带。其位于吊脚楼的向阳面，是苗族吊脚楼住宅光线最好、空气最流通的地方，也是对外的窗口。退堂靠外一侧一般设置美人靠，并加以简单装饰，有的在前部增加披檐，扩大空间，见图 3-49。

随着人们生活要求越来越高，退堂外侧美人靠也发生了改变。传统的美人靠主要发挥邻里沟通的作用，外观是开放式，见图 3-50，但传统美人靠不防风雨，而且无法在冬天为房间保温。随着人们生活水平的提高，越来越多的吊脚楼采用窗户对美人靠上面进行封闭，可以防风雨和为房间保温，同时也有利于楼板的防腐。而且美人靠面向外界，用窗进行封闭，可以增加立面的层次，同时窗子上可以增加装饰，增强美观效果[①]。

---

① 王展光，蔡萍，彭开起. 当代黔东南苗族民居平面的改变[J]. 重庆建筑，2018，181(17): 12-14.

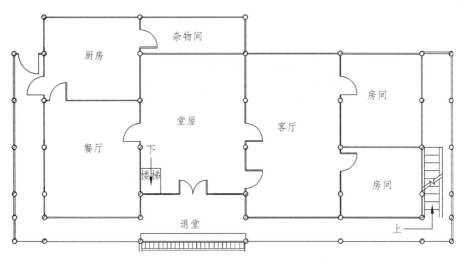

图 3-49　苗家民居中的退堂

图 3-50　吊脚楼的美人靠

2. 走　廊

许多苗族民居采用侧面入口的方式，在居住层外侧会形成走廊。苗族民居走廊一般是全开放的，并不进行封闭，宽度约为 60 厘米，外侧采用木栏杆进行围护。走廊的正面中部一般与退堂相连，外侧布置美人靠，是室外空间与室内空间的连接区域，见图 3-51。

图 3-51　走廊

3. 楼　梯

苗族楼梯（图 3-52）主要为木楼梯，按是否能够移动进行分类，可以分为两种：一种是固定式楼梯，一种是移动式楼梯。在移动式楼梯中，有一种简易楼梯，这种楼梯是直接在一棵原木上进行简单加工，形成锯齿状。按位置分类，苗族楼梯可以分为户外楼梯和户内楼梯，一般为室外由地面层通向二楼居住层的入户楼梯。有部分苗族民居会将第二层和第三层通道设置在外面，在居住层入口处会形成一个平台，这种楼梯一般比较简单，只由梯梁和踏步组成，而且由于日晒雨淋容易腐蚀；还有一种是室内楼梯，是苗族民居各层之间的主要通道，这种楼梯一般较为正规，跨度根据房屋实际情况进行灵活设置。

图 3-52　楼梯

季刀苗寨许多苗居在室外设置楼梯，其上下楼通过室外的楼梯和平台来进行，见图3-53，这样的好处是可以将不同楼层的功能完全分开，不会互相影响。这种房间的三层功能清晰明了且互不干扰。以该民居为例，底层为厨房和杂物间，二层是居住层，三层为储物层，这也是现在季刀苗族吊脚楼的主要分布方式之一。而且室外楼梯可以节约内部空间，达到最大利用的目的。

图 3-53　户外楼梯苗居

4. 阳　　台

　　阳台也是许多苗族民居的标准设置，特别是卧室位于向阳面，有的房屋在向阳面设置阳台，主要是为了晾晒物品方便，见图 3-54。

图 3-54　阳台

　　苗居吊脚楼居住功能按层分区，简单明确合理，生活起居、生产、储藏都得到了妥善安排。上中下三层各以某一种使用要求为主，但相互间功能又可调剂渗透，空间具有很大的伸缩性。苗居吊脚楼建筑形式，由于具有满足居住功能的合理性，成为他们较为理想的居住空间模式，被当作一种通用居住单元，在广大苗疆的腹心地区得以普及，历久不衰。[1]

3.3.2　民居立面图

　　季刀上寨的民居正立面十分丰富，一般向阳或面向山谷等，是向外展示面。其正立面一般由花格窗、美人靠、门等组成，造型十分丰富。

---

① 李先逵. 苗居干栏式建筑[M]. 北京：中国建筑工业出版社，2005：50.

1. 立面 1

　　该住宅为平地楼台，是个五排架四开间的民居格式，在左侧为了保护墙面不受雨水侵蚀，添加了一排披檐。一层是居住层，在房屋入口处形成一个吞口；在吞口上方二层位置是美人靠和退堂，这是家庭晾晒衣物和与邻居交流的场所。该住宅的窗子保存较为完整，二层的左侧的窗子由于损毁，已经用木框玻璃窗进行替代，见图 3-55。

正立面图　1∶50

图 3-55　立面 1

2. 立面 2

　　该住宅为典型的吊脚楼结构，为四排架三开间格局。该住宅依坎而建，底层只在右侧形成一个小的空间供使用，大部分是利用原来的山体形成一个悬空的效果，是个侧面半吊脚楼。该住宅的入口在房屋的后面，一层向阳面是一排走廊，走廊的中部是美人靠和退堂。该房屋门窗和走廊栏杆做工精细，保存完整，见图 3-56。

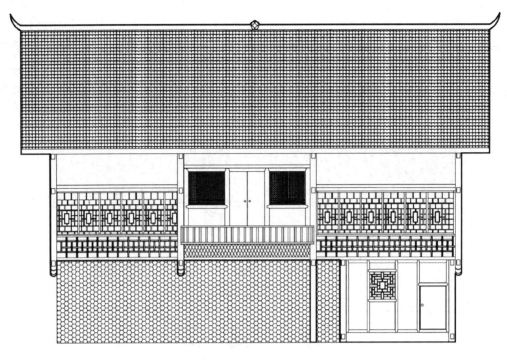

正立面图 1：50

图 3-56 立面 2

3. 立面 3

该住宅为全吊脚楼，主结构为五排架四开间格局，在房屋两端增加两排立柱，用来形成外走廊，房屋三面被外走廊环绕。该住宅大门并不居中，而是设置在中间跨靠近边柱处，这样设置的好处是可以将门框固定在边柱上，能稳定地固定大门；在大门旁边设置两个小窗口，大门上面是美人靠和退堂，见图 3-57。

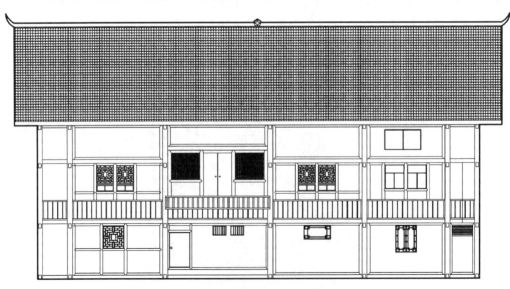

正立面图 1：50

图 3-57　立面 3

4. 立面 4

该住宅为地面楼，主结构为四排架三开间格局，在外侧添加立柱形成走廊，美人靠就设置在这个走廊的中部。该住宅依缓坡而建，为了充分利用地形，该住宅入口设置在缓坡最高层，入口处为厨房，与其他房间形成错层。卧室紧邻走廊和美人靠，采光效果是整个住宅中最好的。由于充分利用地形，住宅屋檐形成交错的效果，见图 3-58。

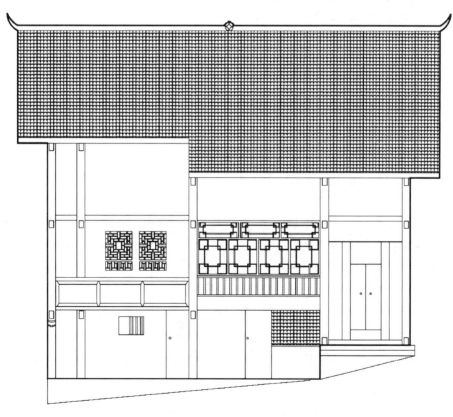

正立面图　1:50

图 3-58　立面 4

5．立面 5

该住宅是典型吊脚楼结构，为五排架四开间格局。该住宅依坎而建，底层一半山体一半房间，是个侧面半吊脚楼。该住宅的入口在房屋的后面，向阳面是堂屋，美人靠位于堂屋外侧，横跨两个开间，见图 3-59。

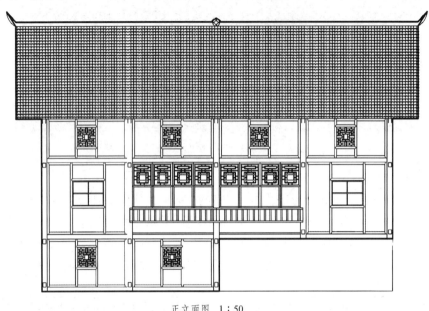

正立面图 1 : 50

图 3-59　立面 5

6．立面 6

该住宅为几家混住的地面楼，为七排架六开间格局。该住宅入口在右二跨的底层，右一跨歇山顶屋面为厨房，底层房间主要作为火塘间和杂物间使用，二层的堂屋居中布置，卧室分布在两边，在堂屋前侧是退堂和长廊。该房屋的走廊外侧是美人靠，二层的通道位于右二跨，门窗和大门制作较为讲究，屋顶为典型的半悬山半歇山顶的组合形式，见图 3-60。

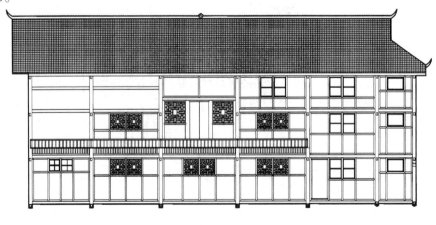

正立面图 1 : 50

图 3-60 立面 6

7. 立面 7

该住宅是屋顶为典型的半悬山半歇山顶的组合形式的吊脚楼,为六排架五开间格局。底层主要是作为杂物间使用,二层是居住层,主要为堂屋和卧室。在堂屋外侧有独立的退堂空间,在退堂空间外侧布置有美人靠,这是整个房屋采光最好的地方。在右侧卧室外侧还布置有一个美人靠,但仅仅作为装饰。三楼主要是存储空间,见图 3-61。

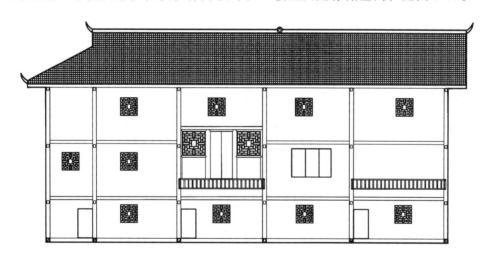

正立面图 1:50

图 3-61 立面 7

3.3.3 干栏式住宅平面布置类型

根据季刀苗寨干栏式民居的入户方式和房屋结构,其平面布局形式分为前廊-堂屋型、直入堂屋(客厅)型和直入火塘(餐厅)型。

3.3.3.1 前廊-堂屋型

前廊-堂屋型的住宅是苗族民居中一种较为典型的布局形式，其交通轴线为：走廊→退堂→堂屋→其他房屋。空间序列由外部空间经由连廊进入室内，连廊、退堂和堂屋组成苗族民居的交通轴线，堂屋处于整个居住空间的核心，交通轴线在堂屋处发生转折，然后通过堂屋进入内部各个房间。

这种类型的干栏式住宅相当普通，各种开间的住宅范例都有。这种布局方式中间一般是生活空间的核心部分——堂屋、火塘、客厅等，卧室一般位于两侧较为偏僻的位置，与汉族住宅常用的"一明两暗"型住宅平面极为相似。

以季刀上寨黄克九宅（图3-62）为例，其就是典型的前廊-堂屋型布局。黄克九宅是五排四开间的民居，负一楼主要为火塘间、杂物间和牲畜间，在底层有楼梯可以通向居住层。一层平面为前廊后堂式结构，主入口位于左上角，与路面平齐。主入口经由走廊到达堂屋，再通过堂屋或者堂屋前的走廊通往每一个居室，居室环绕堂屋设置。在一层有个三面环绕的走廊，可以方便地到达各个房间，而且可以增加每个房间的采光，在房屋的正面走廊中部是退堂和美人靠。二层主要作为存储空间使用，但同时有两个房间，在家里客人多的时候可以使用。

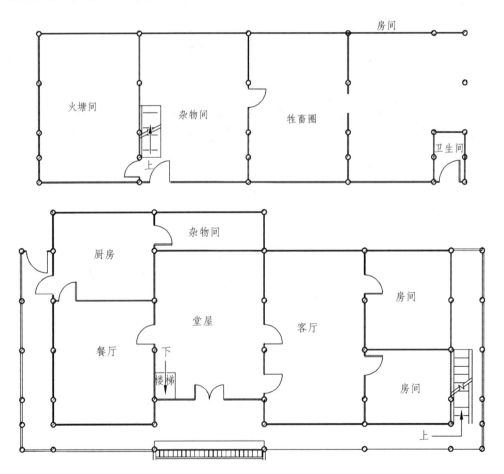

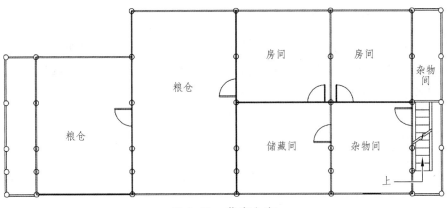

图 3-62　黄克九宅

潘万祥宅（图 3-63）也是典型的长廊堂屋式住宅。在居住层，主入口从左边直通走廊，进入堂屋，堂屋连接右边房间和厨房，再连接到其他房间。堂屋楼梯直通二楼，二楼主要为杂物间。楼梯通右边房间，两间房间相连。其大的杂物间主要用于存储更多的物品，一楼可以提供足够的居住与休息场所。

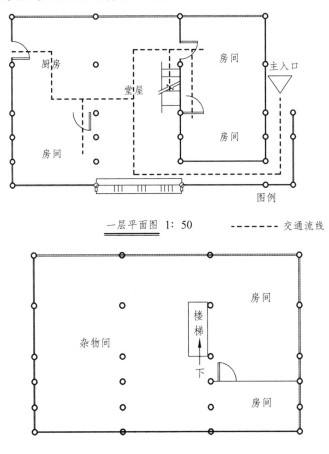

一层平面图 1∶50　　— — — — —　交通流线

二层平面图 1∶50

图 3-63　潘万祥宅

3.3.3.2 直入堂屋（客厅）型

在季刀苗寨中许多干栏式民居采用侧入口或后入口形式进入居住层室内。这种布局方式一般是直接进入堂屋或客厅，或经过厨房、杂物间等进入堂屋。这是由于苗寨干栏式民居一般是后面、侧面与路面平齐，其交通轴线为：厨房（过间）→堂屋→其他房间。

在这类建筑中，堂屋一般处于居住层核心，在堂屋前面向阳的地方布置的美人靠，是苗族干栏式建筑中对外交流的主要场所；在现代新建的民居里，往往设置客厅，其能够代替部分堂屋的功能，形成对外交流双中心。

潘四表宅（图 3-64）主入口在房屋的右侧，位于杂物间，进入二楼的楼梯也位于进门杂物间处，杂物间成为交通连接点；通过杂物间进入堂屋，再经过堂屋进入左侧的相关房间。堂屋在居住层中面积最大，位于正中心。

季刀苗寨下寨潘盛武宅（图 3-65）主入口位于加建的厨房处，进入厨房后是一个与负一层和二层交通交汇的缓冲房间，其下负一层的楼梯一般用木板盖住，通过这个缓冲房间进入客厅和堂屋。这个区域是居住层中对外接待的区域，是活动最为频繁的区域。该民居里已经取消了火塘间，其空间功能由客厅和厨房来代替。

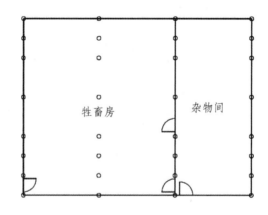

底层平面图 1：50

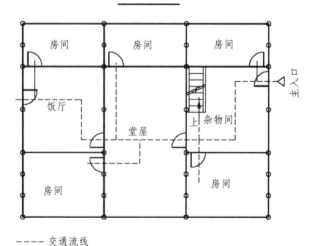

—— — 交通流线

一层平面图 1：50

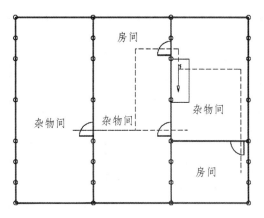

---- 交通流线

二层平面图 1：50

图 3-64　潘四表宅

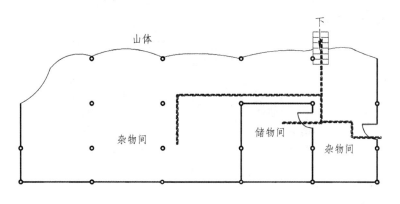

负一层平面图 1:100

▬▬▬▬ 交通流线

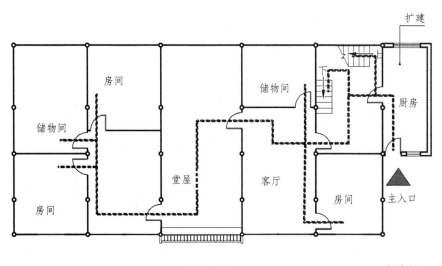

一层平面图 1:100

▬▬▬▬ 交通流线

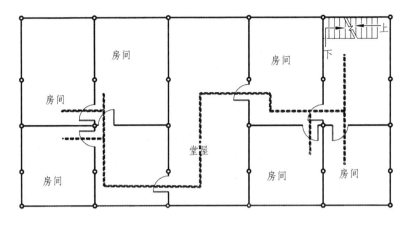

二层平面图 1:100

 ~~~~~~~~ 交通流线

图 3-65　潘盛武宅

　　高坡苗寨潘小军宅（图 3-66）主入口位于右侧厨房处，可以由厨房进入客厅、堂屋和火塘间，这三个功能空间几乎占据了居住层的一半。卧室和杂物间位于这个对外区域四周的剩余空间区域。该房屋的交通通道位于房屋的外面。

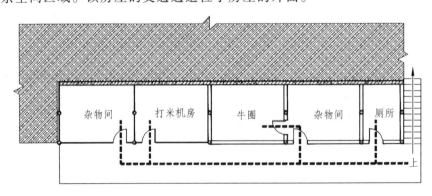

底层平面图 1 : 50

-------- 交通流线

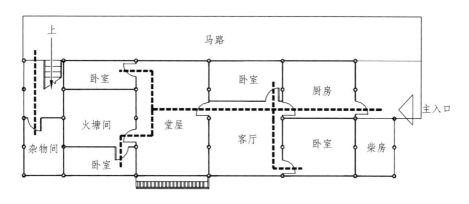

一层平面图 1:50

------- 交通流线

图 3-66　潘小军宅

3.3.3.3　直入火塘（餐厅）型

直入火塘（餐厅）型与直入堂屋（客厅）型在入口方式上相似，大部分采用侧入口或后入口形式进入居住层室内，区别在于直入火塘（餐厅）型空间系列在进入火塘间发生转折，一般形成双中心甚至三中心的布局，其交通轴线为：厨房（过间）→火塘间→堂屋→其他房间。

以高坡苗族的杨忠德宅（图 3-67）为例，其主入口位于后侧加建的厨房处，通过厨房可以进入火塘、堂屋。在天气寒冷的时候，一般主人、客人会围坐在火塘边，火塘间成为集会的主要场所。

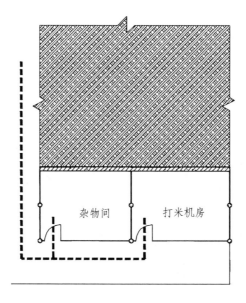

底层平面图 1：50

------- 交通流线

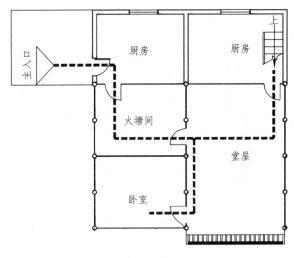

一层平面图 1：50

------- 交通流线

图 3-67　杨忠德宅

黄俊军宅（图 3-68）是直入火塘（餐厅）型的典型形式，其在居住层形成的是火塘和堂屋的双空间，火塘间和堂屋都经过一个过渡空间与多个房间连通。

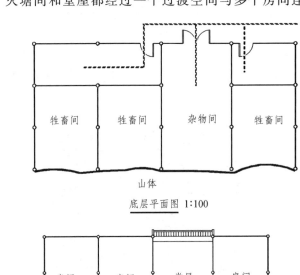

山体

底层平面图 1:100

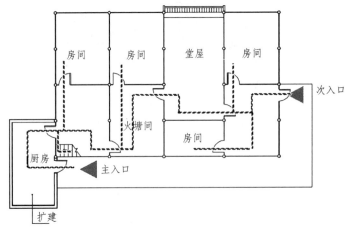

一层平面图 1:100

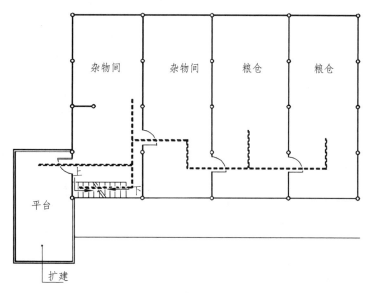

二层平面图 1:100

图 3-68　黄俊军宅

潘某宅（图 3-69）一层主入口在右后方，火塘间和餐厅分别位于堂屋两侧，三者连通，在整个房屋的后侧形成了房屋的对外区域。堂屋、火塘间和餐厅都与其他房间或楼层连通，在居住层占据重要位置。堂屋前侧形成内走廊，与房间相连，在走廊外侧有美人靠，是很好的休息和交流场所。

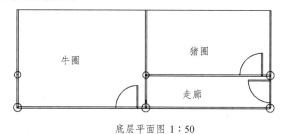

底层平面图 1：50

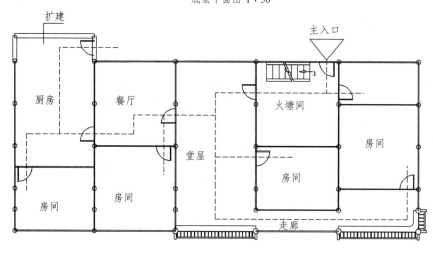

一层平面图　1:50

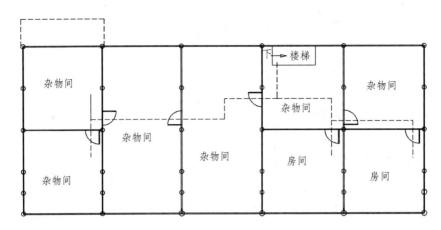

二层平面图 1：50

图 3-69　潘某宅

3.3.4　组合楼

在季刀苗寨有许多组合式民居，在一栋木楼里可有两个或两个以上完整民居空间组合，这些房屋大部分是大家庭分隔成小家庭的结果。兄弟分家后会对原来的空间进行改造或扩建，从而形成多堂屋、多火塘等结构形式，这在建筑历史较长的民居里较为普遍。

以潘万彪宅（图 3-70）为例，该住宅居住着三家人：左边人家相对完整，在居住层有堂屋、餐厅、厨房和卧室；其他两家没有堂屋，而是用餐厅来代替了堂屋和火塘间的功能。每户的上楼楼梯都布置在厨房，二楼的分隔与一楼相同。

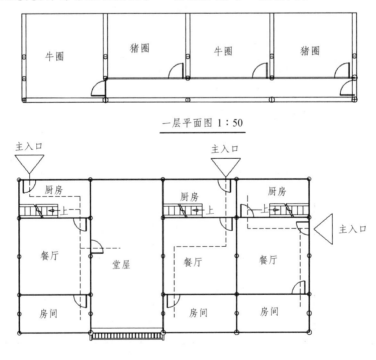

一层平面图 1：50

一层平面图 1：50

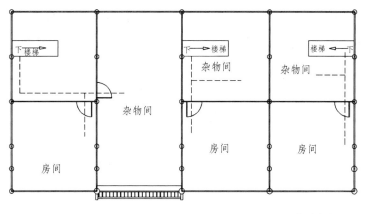

———— 交通流线

二层平面图 1:50

图 3-70　潘万彪宅

潘万仁宅（图 3-71）为双堂屋的组合结构，其分别从房屋的左右加建的厨房进入居住层，其中左边这家的堂屋是原来的老堂屋。其前面布置有美人靠，右边的堂屋是分家后改建的，两个堂屋相互连通，并没有完全分离。

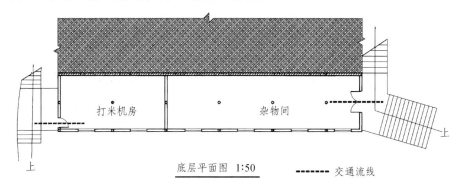

底层平面图 1:50　- - - - - - 交通流线

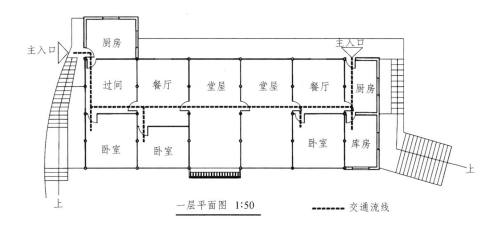

一层平面图 1:50　- - - - - - 交通流线

图 3-71　潘万仁宅

杨胜井宅（图3-72）也是左右两家人居住，但其不是按照开间来分隔的，而是将中间开间交错分隔，将居住层几乎平均分割，堂屋和火塘间分别分割给不同的家庭。

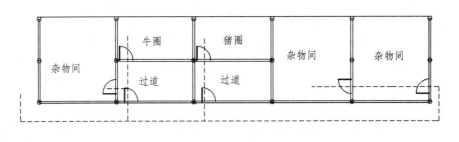

底层平面图 1:50　　　　　------- 交通流线

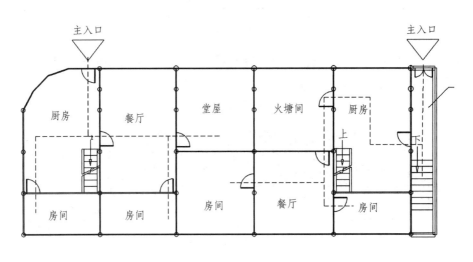

------- 交通流线

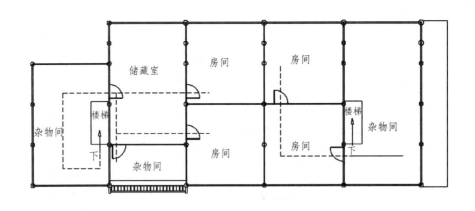

二层平面图 1:50　　　　　------- 交通流线

图 3-72　杨胜井宅

杨绍凯宅（图 3-73）为七开间房屋，该宅是兄弟两家建房时合建，而不是后面进行分割，所以每户人家房屋布局和形制都十分完整。而且由于建造较晚，没有设置火塘间而用餐厅来代替。

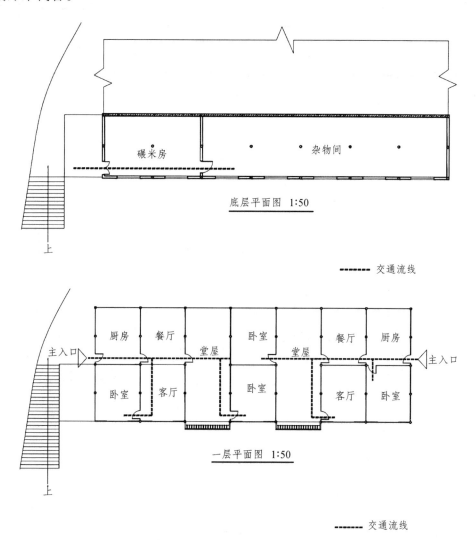

图 3-73　杨绍凯宅

3.3.5　加　建

近几年，黔东南地区民居进行加建的形式越来越多，主要是在木质房屋上新建砖石结构，一般作为厨房使用，该类加建对于木结构防火起到了很好的作用。

黄俊锋宅（图 3-74）为双堂屋结构，其以第四个排架为分界线，左右分别是两户人家，这在季刀苗寨的许多老宅子中是较为普遍的现象。兄弟分家，每户都形成自己较为完整的居住体系和交通体系。该宅在房屋右侧加建一跨全高的砖房，用来作为左边家庭的厨房和房间。

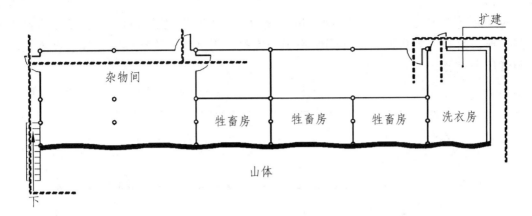

底层平面图　1:100

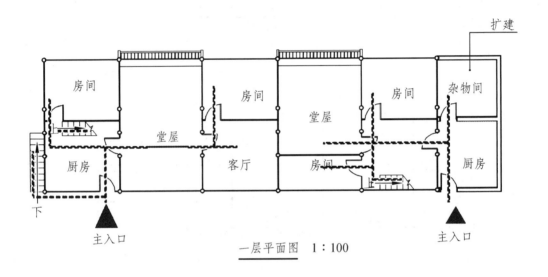

一层平面图　1:100

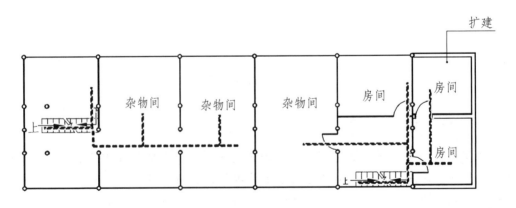

一层平面图　1:100

图 3-74　黄俊锋宅

　　潘年先宅（图 3-75）在老宅三面进行了加建：在房屋前面扩建了一个砖结构的二层建筑，其一楼主要功能是厨房，二楼是杂物间；在房屋后侧底层进行了扩建，扩建底层有楼梯与居住层连通，而且该扩建的楼面形成了一个平台，可以休息和晾晒粮食。

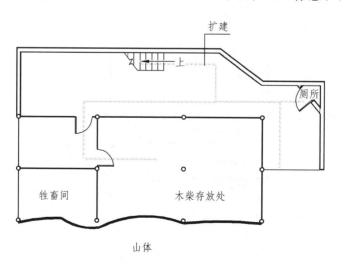

底层平面图　1∶100

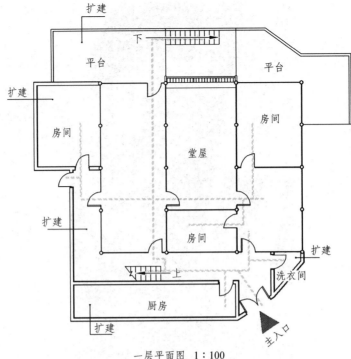

一层平面图 1:100

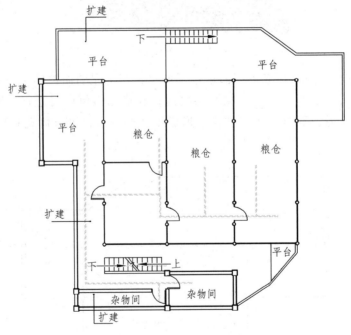

二层平面图 1:100

图 3-75 潘年先宅

3.4　地面式住宅

3.4.1　地面式住宅构成要素

地面式住宅与干栏式住宅最大的区别是它以底层作为居住层，按功能分为两层，即以住为中心的居住层和以储存为中心的阁楼层，其将架空层的很多空间布置在住宅外的周边区域。

地面式住宅室内空间根据性质可以分为生活空间（堂屋、火塘间、客厅、卧室）、生产空间（晒台、粮食储存间）和辅助空间（杂物间、厨房、卫生间）、交通空间（退堂、走廊、楼梯、阳台）。

3.4.2　地面楼平面布局类型

季刀苗寨的地面式住宅居住层一般围绕堂屋进行布置，可大致分前堂后室和一明两暗两种类型。

3.4.2.1　前堂后室

前堂后室的布局形式，是指在房屋的前面为居住层的接待空间，后面为卧室空间的布局形式，这在苗族民居里面也是一种较为常见的布局形式。许多苗族地面楼在房间的前半部分都布置为火塘间和客厅，卧室位于房屋的后部，呈现典型的前堂后室的形式。

杨绍金宅（图 3-76）为砖木混合建筑，主入口连接着砖结构的灶房。其居住层的堂屋和火塘间位于房屋的前侧，构成对外接待区域；卧室位于后侧，为私密区域。

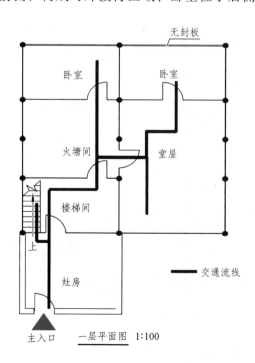

一层平面图　1:100

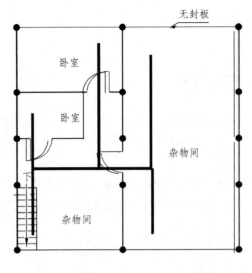

二层平面图 1:100

图 3-76　杨绍金宅

3.4.2.2　一明两暗

一明两暗是民居里最为常见的类型，一般是堂屋居中，卧室、其他房间分布在两侧。堂屋是民居的核心，其他房屋都围绕堂屋进行设置。

潘年飞宅（图 3-77）是季刀上寨的百年老宅之一。该建筑从住宅后面直接进入堂屋，其他居室沿堂屋左右分布，堂屋左上角布有一楼梯，穿过堂屋右侧可到达餐厅，厨房位于餐厅后方，中间间隔一间房间。

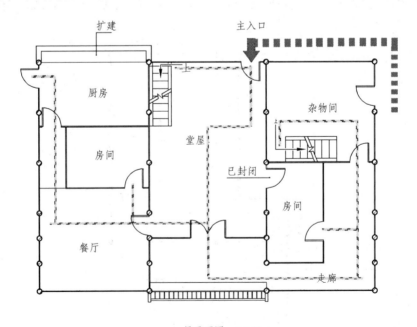

一层平面图　1：50

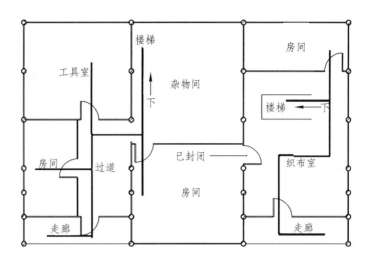

二层平面图 1:50

图 3-77 潘年飞宅

潘年武宅（图 3-78）为双堂屋组合模式，居住着两家人，但各自在一层和二层中间跨设置堂屋，每层房间都是围绕堂屋进行布设。厨房位于房屋两侧，以满足两户人家的生活需求。

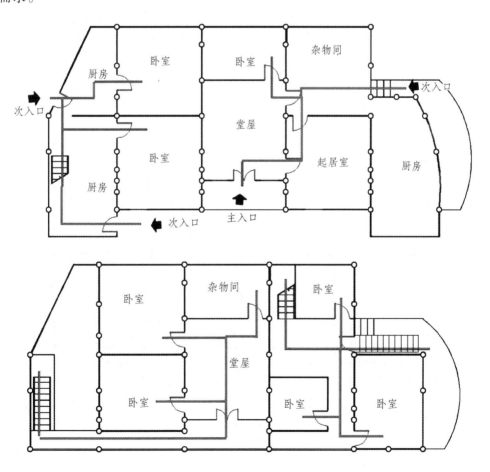

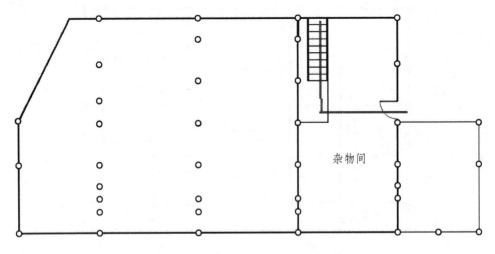

图 3-78　潘年武宅

3.4.3　组合楼

　　某住宅（图 3-79）为双堂屋复合组合模式，建筑呈轴对称式，房屋总共两层。在第一层，对称轴为两间堂屋之间的共用墙面，入口与杂物间相接。杂物间为后期扩建而成，沿杂物间可通向厨房，餐厅紧挨厨房，便于主人用餐。堂屋位于厨房右侧，必须经过厨房才能到达堂屋。堂屋入口处布有通向二楼的楼梯，通过楼梯进入二层中部走廊，该走廊为二楼房间提供了一个缓冲空间。

　　在第二层，两户人家也基本平均分配，分别从两家的堂屋楼梯上到第二层，通过中部的走廊与二层的房间连通，每户在二楼有两个房间和两个杂物间。

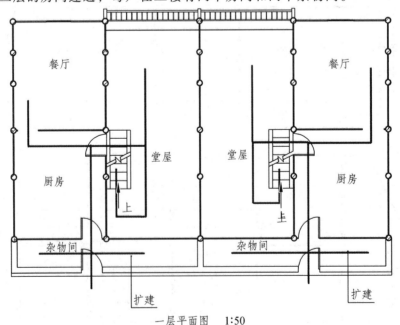

一层平面图　　1:50

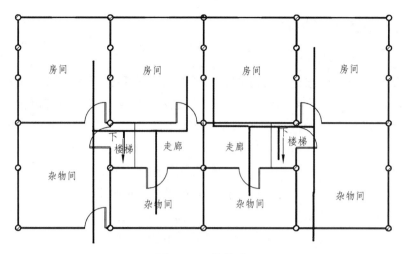

图 3-79　某住宅

潘年荣宅（图 3-80）为双堂屋组合结构，其中一户人家堂屋位于一层，另一户人家堂屋在二楼。两户没有完全分隔，房间之间相互连通。

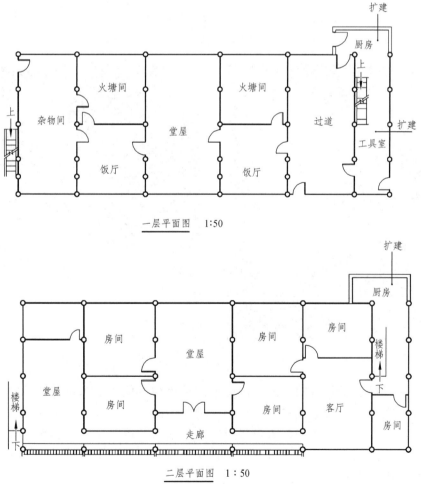

一层平面图　1:50

二层平面图　1:50

图 3-80　潘年荣宅

123

3.5　民居入口分析

季刀苗寨民居都是根据地势修建的，其周围环境有以下几种形式：①前坎后崖，房侧设路；②前坎后路；③前路后崖；④前后均设路。在季刀苗寨中可以常见到住户的入口大多在侧面或背面，不能直接进入堂屋。入口的处理也会随着地势的不同而不同，在门口都会建设台阶，最少有一个台阶数以提高人们进屋踏步的舒适度。入口都会设置门槛，起着缓冲步伐、阻挡外力的作用。门槛的高度各有不同，一般大门门槛较高，约600厘米左右，侧门及后面的门槛则较矮，仅120厘米、250厘米、300厘米。苗寨民居的入口根据地形和周围环境灵活设置，房屋的四个面都有可能作为入口处。入口主要有如下形式：侧入主入口、正入主入口和背入主入口。在此基础上又可以分为一般式、抬升式和平台式。

3.5.1　侧入主入口

季刀苗寨依山而建，建筑根据地形高差修建，民居入口差别很大，一般根据民居与道路关系，自由调整，其中最为典型的就是侧入主入口，见图3-81。

图3-81　季刀苗寨某住宅入口

该类民居入口位于民居的侧面，图中为两种类型的侧入主入口方式。一种的入口楼层与道路几乎在同一标高上或略高一点，这种类型的民居一般直接进入室内或通过几步台阶与室内相连。另一种类型，入口楼层在离开地面的第二层，该类型民居入口由于高差较大，形成内外二次抬高，以台阶方式将建筑与外部交通道路连通，门外利用台阶加上一平台与室内平面相连。

3.5.2 背入主入口

季刀苗寨民居另一种典型的入口形式为背入主入口。季刀苗寨许多民居和道路的关系一般为房屋前为前坎后路,在房后设路,内外联系方便,同时房屋距后坡较远,利于采光通风,又可减少后坡雨水对房基的影响。这种类型房屋的入口一般在房屋的后面,见图 3-82。左图因空间限制,该入口直接与道路相连,无抬升,无平台;右图因与地形高差相符,故入口直接与门前道路相连。

图 3-82 季刀苗寨某两栋住宅入口

3.5.3 正入主入口

在季刀上寨的民居中,有一类房屋位于村寨的河滩和山谷处,这些地区相对平坦,许多房屋的正面与道路或古歌堂连接,这类房屋的入口就是正入主入口,见图 3-83。这种类型的房屋一般会在一层正屋的入口处形成吞口,即中间堂屋部分内凹,形成一个小型平台,两边侧门与入口平台相连,形成一个较为方便与宽敞的入口。

图 3-83 季刀苗寨某两栋住宅入口

　　季刀上寨的百年老屋也属于这种类型，该房屋年代较为久远，入口处拥有一个入口平台与前面道路相接，平台上布有鹅卵石铺设的图案，见图3-84。

图 3-84　季刀苗寨百年古屋入口

3.6　苗居屋顶

3.6.1　屋顶形态

　　季刀苗寨民居屋顶形式多样，以坡屋顶为主，主要有悬山、歇山两种形式，在此基础上发生变化，演变出半歇半悬、披檐、后梭和侧梭等多种形式，见图3-85。

图 3-85　各种类型屋顶

悬山顶屋顶是基本形式，制作起来简单，所以在季刀上寨的民居中该类型民居最多，但该类房屋有个缺点就是由于民居侧檐较短，风雨大的时候容易飘雨。歇山顶的构造技艺相对复杂，并且在屋顶外观形式上具有丰富层次变化的作用，而且其可以克服悬山顶侧面飘雨的缺点。半歇半悬坡顶是指坡顶左右两侧的其中一侧采用歇山顶的做法，而另一侧采用悬山顶形制。它是歇山与悬山的一种杂糅形式，一般是由于地基限制或者需要在一侧加盖厨房，这样就形成了半歇半悬形式。季刀苗寨部分民居中还出现了多层披檐或侧梭，这是由于在房屋使用过程中，随着家庭人口的增加，对厨房使用空间的需求加大。当加建的厨房在主体一侧时，屋顶常形成歇山侧梭形式；加建的厨房位于主体背面时，屋顶常形成后梭形式，见图 3-86。

图 3-86　季刀苗寨侧梭和后梭

3.6.2　屋面装饰

屋面就是建筑屋顶的表面，占据了屋顶的较大面积，季刀苗寨的屋面采用旧砖瓦，其正脊是处于建筑屋顶最高处的一条脊，由建筑正立面看，正脊是一条横走向的线。它是由屋顶前后两个斜坡相交而形成的屋脊。在季刀苗寨调研中，有些民居建筑屋顶正脊都由用瓦片堆积出近似一枚或三枚古钱币的形式，寓意家族富贵安康，见图 3-87。

图 3-87　正脊装饰

在歇山顶建筑中，垂脊的下方从搏风板尾处用瓦堆出斜脊，叫作"戗脊"，见图3-88。有些房屋在正脊檐口处有类似悬鱼的装饰构件，一般都是根据信仰、风俗等要求进行布置的，图3-89。

图 3-88　戗脊

图 3-89　悬鱼

3.7　建筑装饰研究

为了满足人们的审美需要以及表达对祖先图腾崇拜之情，季刀苗寨民居在室内外进行装饰。其民居建筑装饰主要集中在美人靠、门窗、垂柱等构件上，但总体以简洁大方为主，很少有过于烦琐复杂的花纹和雕刻，这是苗寨民居与汉族民居的显著区别，也和黔东南地区的经济发展水平有着密切的关系。

3.7.1　门

季刀苗寨的门比较简洁，门板面几乎是整面无雕刻，门的位置也会根据其房屋形状的不同来设置。大门的做法有多种，有的做成梯形式寓意怀抱，除了美观和地基、资金原因等外，还表示热情迎接客人；也有内开式，门可向内旋转180度，门的旋转和门的连接不是使用现代的铰链（合页），而是靠角部嵌住的木坑。个别的住户只有侧门，通过厨房或餐厅到达客厅。门的上方也有门簪，通常只有一对门簪，做成菱形式，门簪的雕刻也会按主人家的爱好选择花式，见图3-90。

图 3-90　门

3.7.2　栏　杆

季刀苗寨有各式各样的栏杆，一般高度在 1.2 米左右，有雕花型装饰木栏杆、整体木板栏杆，主要起着围护和装饰作用，见图 3-91。

图 3-91　栏杆

3.7.3　吊　瓜

吊瓜又叫垂花柱，主要起装饰作用。吊瓜的做法大概为三种：第一种上段为斗形，中段为圆筒形，下端为莲花、花篮、绣球等形状；第二种为仅在下段雕刻波浪线形；还有的无雕刻。吊瓜常位于屋檐下或门沿，见图 3-92。

图 3-92　吊瓜

3.7.4 窗

窗户起着通风、眺望、围护、采光的作用,在任何一栋建筑上都离不开窗户的存在。由于季刀苗寨居民大多数为对称整体式,常在二楼的正中设置美人靠,位于古屋正面的窗户稍大,侧面和顶层的窗户较小,有的甚至不到 0.25 平方米。随着经济的发展,在现代建筑中为了取得更好的通风、美观及采光效果,窗户都会做得较大,在美人靠的四周也会采用玻璃窗遮风避雨,使之冬暖夏凉。窗花形状也有所不同,在古建筑中窗户的做法较为简单,仅由几条竖向或交错木板钉制而成,细致窗花做成网格型。还有的窗花为错位矩形,现在的窗花形状也较为简单,中间空,四周木条交错搭接形成款式,见图 3-93。

苗居窗型 1

苗居窗型 2

苗居窗型 3

苗居窗型 4

苗居窗型 5

苗居窗型 6

图 3-93 窗

3.7.5 美人靠

"美人靠"又叫"飞来椅""吴王靠",学名"天鹅颈",是一种下设条凳、上连靠栏的木制建筑,因向外探出美丽的靠背弯曲似鹅颈,故名"天鹅颈"。美人靠几乎是季刀上寨民居的标配,一般会在退堂边或在堂屋的向阳面靠边设置美人靠。苗居美人靠会因为建筑的空间局限而长短不同,季刀上寨美人靠构造相似,主要有三种类型:一是条凳下部为条形的木栏杆式构造；二是整体木板构造；三是窗格式构造。其做法会随房主爱好与经济水平而定，见图3-94。

凳下部栏杆式

凳下部窗格式

凳下部木板式

图 3-94　美人靠

第4章　民族建筑营造文化

4.1　地基和材料的选择

4.1.1　地　基

季刀苗民讲究房屋要依山而建，必须背靠大山，意为"家有靠山"。其次是房屋的朝向必须要面对山脊，而不能是山谷，民间认为这样才会被山神所守护，家中才会人丁兴旺，万事如意，福气临门。

房间布局讲究美人靠所在面必须要向外，但不可对着大山。美人靠所在位置一般是苗族民居采光和对外交流的场所，所以在布局的时候必须向外，否则就失去了其功能。另外，选址的地方不要远离村里的护寨林，远离的话就得不到护寨林的保护。山里人靠山吃山，远离寨林获取资源不便。

传统木房对地基并无太大要求，只要土质坚硬即可。在地基开挖之前，会进行简单的仪式，一般杀一只公鸡并烧香祭拜，以驱除此地的不祥，祈愿此地带来福气。

4.1.2　民居材料

季刀苗寨传统吊脚楼的建筑材料主要是当地的杉木，见图4-1。杉木具有生长周期短、树体高大、纹理通直、结构细致、树质轻软、加工容易、不翘不裂、耐腐防虫、气味芳香等优点。[①]苗民建房就地取材，因地制宜是人与自然和谐相处的一种表现。据季刀上寨一位村民介绍，季刀苗寨的建筑物的主要受力构件材料都是杉木，即柱子、梁、枋的用料都是杉木，墙板的材料可采用杉树木和松树木两种木材。

关于选用杉树做柱子、梁等受力构件而不选用松树，这其中有一个传说。据说以前季刀上寨祖先在开始修建房屋的时候选用松树作为吊脚楼的修建材料，后来其中有一位患病，常年卧在床上，他的房子长期没有维修，十分破旧，村民们决定帮他重新修建一栋房子，但由于之前建房子都用松木，造成松木短缺，村民们商量之后决定使用杉树给他建造新房。房子建好后，村民将患者接过去居住，令人们惊讶的是，两年之后其居然疾病痊愈，可以正常走路干活。于是季刀上寨的苗民认为是杉树有灵气，之后纷纷采用杉树作为建筑材料。至于后面还有村民采用松树作为墙板材料，主要是因为自家的杉木

---

① 彭咏. 黔东南苗族侗族民族民间工艺美术教程[M]. 成都：电子科技大学出版社，2008: 207.

满足不了需要，只好用松木来代替。而且，季刀上寨还流传有一个说法，一栋吊脚楼的柱子必须使用同一种树木，否则会造成子孙不和睦。

图 4-1　杉木

4.2　苗族木匠

苗族木匠是村寨里的专业技术人员，按其对技艺掌握的程度可以分为掌墨师、木匠和半木匠等。2017 年在季刀上寨田野调查期间巧遇一群木匠在修建木屋，便主动近距离了解他们。

4.2.1　掌墨师

掌墨师是掌控墨线的师傅，即传统修房造屋时全程主持建设的总工程师，负责堪舆、项目设计、预算规划、材料组织、施工管理和施工监督等一系列建造活动。掌墨师是苗族民居修建团队的核心，能设计出结构复杂的建筑物，并对每根柱、瓜、枋如何下墨了如指掌。

这支木匠团队的掌墨师名叫文继成，来自朗德下寨，今年 45 岁，见图 4-2。据了解，文师傅在 40 岁左右开始学做掌墨师，掌墨师一职因其职业的特殊性，许多工匠不愿意去做，而更愿意做一个工匠。文师傅说作为一个掌墨师，若设计不好、计算有问题、构件搭接有出入，将会受到村民的非议，慢慢地也就没人愿意找你做房子。文师傅说自己从事掌墨师并没有师傅传授，而是靠自学，通过观看其他师傅的制作和计算然后自己慢慢摸索，从而掌握其中诀窍，成为一名掌墨师。文师傅认为"没有歪木头，只有歪木匠"，想要成为一个好的掌墨师，就要好好学手艺，不要害怕被人非议，要勇于尝试，敢于探索，才能成为一个合格的掌墨师。

掌墨文师傅经过五年的打拼组建了自己的建造团队，其包括一个掌墨师和 3 个工匠，团队成员之间配合默契，效率较高，一般两层楼的木房他们一个月左右便能完工。文师傅从事多年掌墨师一职,在选址和木材用量的估算以及木材的掌墨放线方面都有相当高的造诣,得到了附近村民的好评。这些年来,文师傅团队活跃于朗德季刀区域,修建了众多的苗族民居。

图 4-2 掌墨师

4.2.2 工 匠

除掌墨师外,根据木匠所掌握的营造技艺的不同,还有木匠和半木匠。但是他们并没有很明显的区分,其实很多木匠也都掌握了掌墨的技巧。

木匠主要是协助掌墨师施工,其营造技术得到整个社区或附近社区成员的认可,能设计与建造一些结构简单的建筑物,但与掌墨师这一级别的匠人又还有一定的差距,而营造技术又比半木匠要娴熟。半木匠主要是指掌握一些简单的营造技术,能够进行构件加工的工匠。在季刀苗寨附近也活跃着一群掌握不同技能的工匠,见图 4-3。

陈老三,贵州省黔东南州朗德下寨人,今年 35 岁,从事木房建筑 10 余年。是该团队的主要成员之一,对构件的加工十分熟悉,掌握了部分木屋构造知识。文师傅掌墨放线完的构件都要由他负责组织进行加工处理,是文师傅的得力助手。

黄正先,贵州省黔东南州季刀上寨人,今年 48 岁,从事苗族民居修建有 4 年,是该团队主要成员之一,对木构件加工十分熟悉,工作认真,做事严谨,相对于陈师傅他的工作年龄比较短,在加工工艺上略有不足。

黄裕光,贵州省黔东南州季刀上寨人,今年 34 岁,从事木房建筑近 5 年,是该团队主要成员之一，在团队中角色和黄正先师傅类似。

潘年友，男，53 岁，高坡人，18 岁开始从事工匠工作，至今已有 35 年。他负责吊脚楼的楼板和隔墙，主要在西江、朗德、排乐、季刀这一区域做房子，如果有其他地方的人来邀请他去做他也会去。

杨胜荣，男，51 岁，高坡人，从事工匠已有 15 年。他之前一直做家具和装修，后来逐渐转做吊脚楼的楼板和隔墙，经常跟着潘年友一起修建吊脚楼。

黄茂年，男，85 岁，季刀上寨人，16 岁开始向其他能工巧匠学习木屋建造技艺，在季刀上寨参与修建了许多民居，现在年岁已高，不再修建房屋，但现在村民建木房，还会请他去带头立柱。

图 4-3　木工工匠

4.3 民居构造与营造技术

4.3.1 吊脚楼开间与构件尺寸

季刀苗寨的木屋排架以五柱四瓜为主，立柱大小为直径 20 厘米左右，立柱轴线之间的距离为 2 米左右，瓜柱之间的间距以 0.7~0.8 米为宜，排架之间的间距一般在 3.6~4 米，最大不超过 5 米，层高一般在 2.2~2.4 米，见图 4-4。

屋架分为吊脚屋架和非吊脚屋架，一般的吊脚屋架的前檐柱和前二柱会较长，与后坎形成吊脚层，但现在很多人修建房屋会用砖石和混凝土做屋基，这样就不会出现吊脚层，所以吊脚楼的出现是当时苗族在无力改造地基的情况下为了适应山地地形而发展出的一种结构形式。现在随着科技进步和社会的发展，苗寨吊脚楼发生了诸多变化。

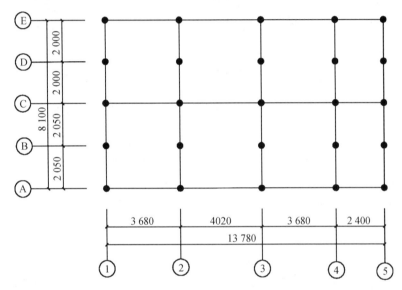

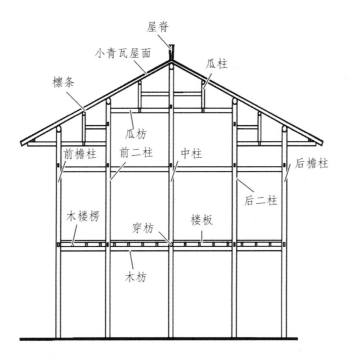

剖面图

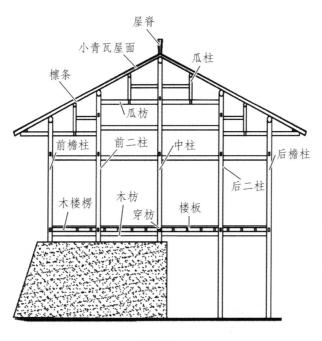

剖面图

图 4-4　五柱四瓜屋架

　　季刀苗寨的木屋排架在五柱四瓜基础上出现了两种演变情况，其中一种是长瓜柱或类柱情况，即该柱从屋面一直延伸到二层楼面，见图 4-5；还有一种演变，是从五柱四瓜变成六柱三瓜，即将上一种情况的夹柱变成立柱，见图 4-6。

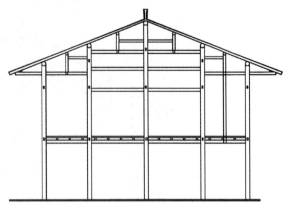

图 4-5　夹柱屋架

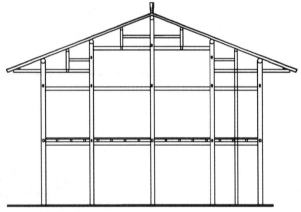

图 4-6　六柱三瓜

　　季刀苗寨的排架除了五柱四瓜外，还有三柱两瓜，这是由于地基宽度的限制，无法修建五柱四瓜，就根据基础来进行调整，见图 4-7。

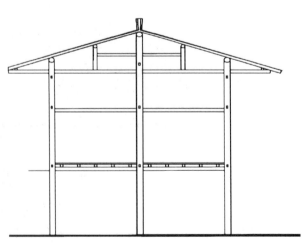

图 4-7　三柱两瓜

4.3.2　屋顶加层

季刀上寨于 2014 年入选第三批中国传统村落名录，为了保持村寨风貌，村寨内限制砖混房屋的修建，对已经修建的房屋增加小青瓦坡屋顶，使村寨总体风貌保持一致，这是近几年许多传统村落经常进行的修建工程。

调研期间，季刀上寨一栋民居正在进行屋顶加层，该工程由文继成师傅团队进行营造，相关的构件加工已经基本完成，正在进行木构件的架立，见图 4-8。

虽然屋顶加层看起来比较简单，但实际修建却很考验掌墨师的功力。以该加顶为例，该屋顶有个楼梯间要高出屋顶 2.5 米左右，掌墨师必须在设计过程中就要考虑清楚，画出丈杆，这样才能正确下料和加工构件，保证组装的时候不出现问题，屋顶加层的相关布置和尺寸见图 4-9。

图 4-8　屋顶加层施工

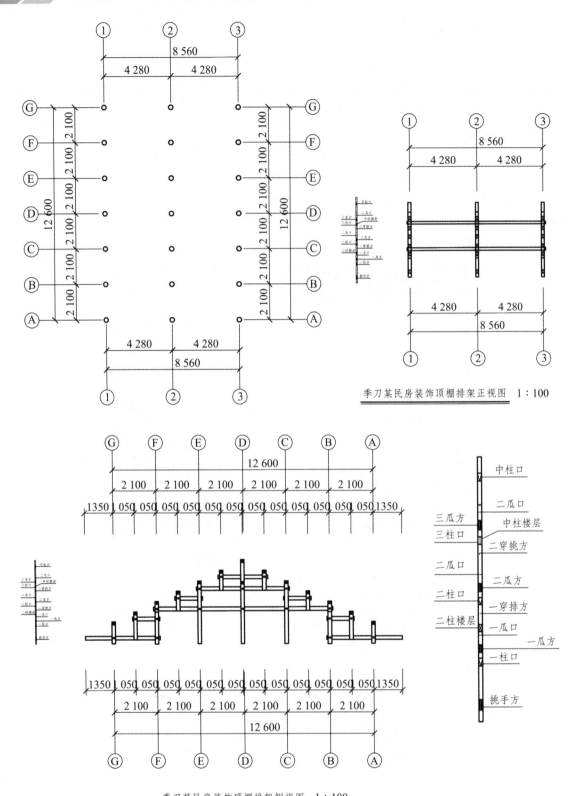

季刀某民房装饰顶棚排架正视图　1∶100

季刀某民房装饰顶棚排架侧视图　1∶100

图 4-9　屋顶加层的平面图、排架图和丈杆图

4.3.2.1　丈杆制作

在黔东南进行木结构制作必须绘制丈杆。丈杆主要用来控制柱的高度和开孔位置，而房屋的跨度主要靠掌墨师根据地基和屋主的要求进行设计，在丈杆上没有体现。吊脚楼柱子的柱口（柱子上开孔的高度与尺寸）主要通过丈杆来显示，文继成师傅说每栋吊脚楼的柱口尺寸都不一样，要根据房主的要求及建筑场地来确定，每栋吊脚楼都要制作一根丈杆。该栋屋顶加层的丈杆见图 4-9，该楼顶加层的底层挑手方柱口高为 170 毫米，第一层柱口为 110 毫米，第一层瓜方为 120 毫米；第二层柱口为 100 毫米，第二层瓜方为 140 毫米，中柱楼层柱口为 110 毫米，第三层瓜方为 140 毫米，中柱顶柱口为 110 毫米，柱口宽度为 50 毫米（根据杉木材料的实际情况作调整）。

加层一榀排架中每个柱子的图见图 4-10。以中柱为例，其中柱与丈杆的关系见图 4-11，其每个孔都在丈杆上表示出来，为了区分两个方向，一个方向用竖线表示，一个用斜线表示，其高度就是孔高，见图 4-11。

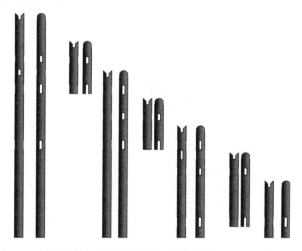

图 4-10　屋顶加层的立柱瓜柱

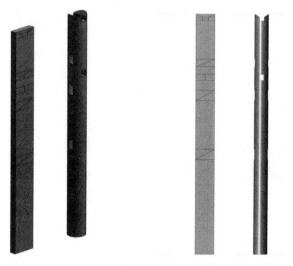

图 4-11　屋顶加层的中柱与丈杆的关系

4.3.2.2 构件加工

构件加工是建造苗族民居一个非常重要的环节，其加工质量的好坏直接关系到民居质量。季刀上寨由于地方比较紧张，没有固定的加工地点，一般都选择在建造地基附近较开阔的空地作为加工场所。这栋房屋屋顶加层的加工场地是靠近河边的一块废弃的篮球场，位于加层房屋的下方，构件加工完成后便于将其运输到屋顶。掌墨师文继成师傅说苗族民居构件尺寸一般根据主人家提供的材料来进行选择，圆柱的直径一般为 16~20 厘米，枋的尺寸一般为（5~8 厘米）×（14~20 厘米），但也有部分构件可能比上述尺寸大或小，这都可根据实际工程中的材料和受力来确定。由于该工程是屋顶加层，层数只有一层，荷载小，所以比常规民居的构件尺寸要小，柱子的柱顶直径要求不得小于 130 毫米，木枋的小端高度不应小于 120 毫米。部分枋与柱之间的连接采用燕尾榫的形式，这样做使得梁与柱子的连接恰好吻合，相互咬合使结构更加稳定。

在与掌墨师文继成交流的时候，他给我们展示该建筑的柱口大小图纸，他说所有柱口的大小都按照该图来进行加工，加工好后会在相关构件上命名，见图 4-12。

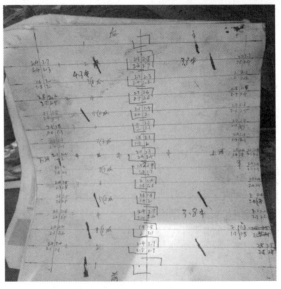

图 4-12　柱加工图纸和加工过程

4.3.2.3　立房架

该屋顶加层工程量不大，文继成团队的四位工匠（一位掌墨师、三位工匠）只用了四天时间就全部完成了。屋顶加层木构架只有三排，排架为七柱六瓜结构类型，第一排柱与第二排柱距离为 3280 毫米，第二排柱子与第三排柱子距离为 2300 毫米。瓜柱排在两根柱子的中间，一般距离为 600~700 毫米，由于本结构是附属结构，其瓜柱之间间距为 1050 毫米，比常规瓜柱间距略大。

苗民在立屋架之前会进行祭祀，该屋顶加层屋架也仍然按照本地习俗搭建祭台举行祭祀。祭台由几根小树和一块木板简单搭建而成，上面铺有三片树叶，当地老人说树叶有特殊讲究，树叶上放有糯米饭和肉以及鸡肝；另有一根小杉树和一块杉木板做成一个酒台，板上放有一个酒杯和纸轮；此外还有 11 根小树苗竖立摆放在祭祀台前，其中 10 根两两相并，每两根中有一根枝头上插有一条小鱼，剩余一根放在中间，顶上插有很多纸人和 8 根鸡尾毛；下面还有三根嫩竹各插有一根纸人，见图 4-13。祭祀主要是祭拜神灵，保佑此次搭建人员安全。建筑吊脚楼的时候，除了做这个祭祀之外，还要由掌墨师来做一个立房仪式，需要一只公鸡、一斗米以及鱼酒肉和鸡蛋，有一些掌墨师还会念一些词，有些掌墨师不会念亦可不念。

图 4-13　立屋架祭祀仪式

4.4　民居的楼板和隔墙

吊脚楼立起来后，接下来的工序就是铺楼板和隔墙了。楼板属于在垂直方向上的分隔体，除了有分隔作用外，还作为第二层的承重构件，承受人体重的活荷载以及粮食、床等荷载，将这些荷载传给梁，再由梁传给柱。隔墙属于在水平方向上的分隔体，主要将每排柱与柱之间的空隙用做好的板件连接起来，根据主人家的要求及内部空间规划，将房子分成很多功能不同的房间。

季刀下寨有个工匠潘胜敏，今年 37 岁，主要从事给房屋装上围护与分隔室内空间的板壁、楼板和地板的工作。他从事该工作已经有十多年了，主要在西江、朗德和排乐季刀这一区域做房子。根据他介绍，在给房屋铺楼板和隔墙的时候，除了门，其他地方都不需要做祭祀等活动。装门的时候要祭祀门神，祭祀的过程较为简单，用一只公鸡在准备安装的门槛前祭祀完门神，就可将公鸡煮熟大伙一起吃。门的大小尺寸以及楼板的尺寸按照主人家的房子来确定，并没有标准的要求。楼板和墙板的制作工序为：首先将楼板和墙板的尺寸用杉木头或松木头在锯木机上锯出来；其次将板材用电刨将材料面推光滑；第三，将推平的材料用不同刨子做成所需的槽口或凸面；最后将做好的木板组装起来。为了使上部的楼层更加稳定，很多人家都在原有结构的基础上增加梁，这样可以防止上部重力集中使梁、板发生弯曲变形。

当工匠师傅在做完铺楼板和隔墙的时候，主人家会叫上自家的兄弟和亲戚聚在一起，好吃好喝庆祝一番，送别工匠师傅。来参加聚会的亲戚与好友会带一些毛巾及自己做的布绳放在工匠师傅身上，以表谢意。主人家还会送鸡、猪肉、米等。

4.5　传统民族建筑加工工具

"工欲善其事，必先利其器"，建造苗族传统民居与所使用的工具有必然的联系。苗族木匠师傅都有属于自己的一套工具，工具的齐全程度也侧面反映出工匠的资历。据潘胜敏师傅介绍，一套工具价值上万元。随着生产力的发展和电气工具的出现，现在有很多传统木匠工具一般在市场上都难见着了。

4.5.1　刨　子

明朝宋应星在《天工开物·刨》中记载："凡刨，磨砺嵌钢寸铁，露刃秒息，斜出木口之面，所以平木。"刨子是木匠用来刨平木材表面的一种传统工具，一般由刨堂、槽口、刨刃、楔木等部分组成。刨子种类多样，各有用途，按刨身长短、形状、使用功能可分长刨、中刨、短刨、光刨（细刨）、弯刨、线刨、槽口刨、座刨、横刨等，见图4-14。

图 4-14　刨子

长刨：应用最广的一种刨，专用于刨平木料的表面。刨身用不易变形的硬木制成。刨身长 450~480 毫米，宽 65 毫米，厚 50 毫米。[①]刨底与刨铁的角度有粗细之分，细长刨

---

① 左书才. 木工实践[M]. 南昌：江西人民出版社，1973：17.

为 55 度左右，粗长刨为 45 度左右，长刨的刨身分前后两端，前端比后端长 25~35 毫米，或二分之一对称来分。

短光刨：构造与长刨基本相同，主要是长短之别。短光刨专门用于加工物件最后的细致刨削，刨身长 190 毫米，厚薄与宽度同长刨。[①]

随着技术的进步，电刨被广泛应用于房屋建造、住房装修、木工作业等场合，进行各种木材的平面刨削、倒棱和裁口等作业。较之传统刨子，电刨不需耗费大量臂力，具有生产效率高、刨削表面平整、光滑等优点。目前，工匠师傅一般都用电刨，传统手工刨逐步被市场淘汰。

对刨子的由来说法不一，有的认为刨子在明朝时由罗马传入我国，对明式家具的发展起到了重要作用。在刨子出现以前用的一种工具叫锸（即刮削）。没有证据证明我国在明朝以前就有了刨子，那时只有刮削。刮削只能对付软木，对硬木操作时会跳刀。刨子于 16 世纪被发明出来，而且中国使用的刨子是往外推，其他国家的刨子都是往里拉的，即认为刨子是从外面传入我国的。

刨子应用前的其他朝代，则很少用硬木来做家具，因为最难的是平整，所以多用漆器，用漆等来掩盖木面的不平整。随着时代的进步，刨子也逐渐出现了靠电工作的电刨。相对于传统的刨子，电刨不仅提高了效率并且对操作者也没太多的限制，不需要很大的臂力去推动。

由于很多电刨比手工刨更方便，使用起来可加快工作效率，目前工匠师傅一般都用电刨，这样会比较方便，手工刨逐步被淘汰。

4.5.2　锯　子

锯子是用来把木料或者其他需要加工的物品锯断或锯割开的工具，见图 4-15，由不规则排列的锯齿构成的锯条和锯身组成，是加工木材必不可少的工具。

图 4-15　锯子及其使用

① 左书才. 木工实践[M]. 南昌：江西人民出版社，1973：19.

锯子有多种，按其主要用途可分为横锯（用于锯断木料）、竖锯（主要用于顺着木纹锯开木料）和挖锯（又叫线锯，主要用于锯割曲线形状），按锯齿的大小可分为粗锯齿（适于锯割较大较厚的木料）、中锯齿（适于锯割一般大小及厚度的木料）和细锯齿（适于比较细致的锯割），按其形状分则有框锯和板锯。锯子分大锯、二链锯、小锯、鱼肚锯、圆盘锯、手锯、钢锯、刀锯，最大的有 3~4 米长。不同锯子的区别主要在于锯齿的大小和齿数的多少，齿数较少的大齿适合做活，而细齿锯则应用于较为平滑和光洁的切割。

我们在季刀苗寨见到的木工师傅都有属于他们自己的形式多样的锯子，不同的锯子都会使用在不同工序上。电锯也是其中一种，分手固定式和手提式，锯条一般由工具钢制成，节省了切割材料所耗费的时间和人力。现代电锯操作简单，手柄符合人体工程学设计，还有精密排列的锯片和安全防护机制，成为木匠新宠。

4.5.3　手工凿

手工凿是一种柱口的开口工具，是掌墨师以及屋面楼板工匠不可缺少的一种工具，有些工匠师傅还将其用于木材雕刻。手工凿是加工木材必备工具之一，在对木材的开槽方面用得相对较多，见图 4-16。凿子根据不同用途有着不同的造型分类。

手工凿是一种加工木材的传统工具，主要用于凿眼、挖空、剔槽、铲削等方面的作业，也是苗族掌墨师以及屋面楼板工匠不可缺少的一种工具，见图 4-16。有些木匠师傅还用手工凿对木材进行雕刻。手工凿一般有如下种类。

图 4-16　手工凿

平凿：刀口是平的，有宽有窄，一般在 1~3 厘米之间，刀口与凿身呈倒等腰三角形，主要用于开四方形孔或是对一些四方形孔的修葺。

斜凿：刀口呈 45 度角，刀口与凿身呈倒直角三角形，主要用于修葺，多数用在雕刻修葺一些死角。

圆凿：刀口呈半圆形，主要用来开圆形孔位或椭圆孔位。

菱凿：刀口呈 V 字形，现很少见，主要用于雕刻与修葺。

凿削时的姿势一定要正确，好的姿势动作有利于安全，有利于作业顺利进行。凿削时人的左臀部可把木料坐稳，木料短时也可用脚踩稳，不得使木料在凿削时跳动。[①] 使用凿子打眼时，一般左手握住凿把，右手持锤，在打眼时凿子需两边晃动，目的是不夹凿身，另外需把木屑从孔中剔出来。半榫眼在正面开凿，而透眼需从构件背面凿一半左右，反过来再凿正面，直至凿透。

4.5.4　墨　斗

墨斗，由墨仓、线轮、墨线（包括线锥）、墨签四部分构成，是中国传统木工行业中的常见工具。墨斗用途主要有三个方面：

（1）做长直线，将濡墨后的墨线一端固定，拉出墨线牵直拉紧在需要的位置，再提起中段弹下即可。

（2）墨仓蓄墨，配合墨签和拐尺用以画短直线或者做记号。

（3）画竖直线，当铅坠使用。

墨斗造型、装饰各式各样，墨仓有桃形、鱼形、龙形等，既是自娱，也是木工手艺的一种展示，见图 4-17。

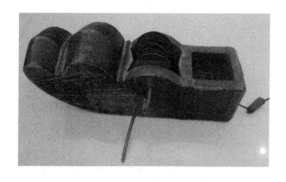

图 4-17　墨斗

对于一个工匠来说，加工木材的工具是多样的，木匠们会根据自己的使用习惯做一张加工木材的加工桌。加工桌并不是都由工匠亲手做，在市场上也有卖的。常见的加工桌是圆锯式，主要用来加工木材的外部尺寸。除此之外，苗族木匠还需要用到斧头、水平尺、钢卷尺以及一些现代工具，如雕刻机、气钉枪、气泵、曲线锯、打磨机等，见图 4-18。俗话说，一个不爱护自己工具的工匠不是一个好工匠，苗族工匠都比较爱惜他们的工具。对于工匠师傅们来说，他们对工具有一种特殊的情怀，有的工具甚至会陪伴他们一生或传承给下一代。

---

① 路玉章. 木工雕刻技术与传统雕刻图谱[M]. 北京：中国建筑工业出版社，2000：85.

图 4-18　现代木工电动工具

第 5 章　民间习俗及传统文化

5.1　传说故事

季刀苗寨有许多的神话与传说，这些故事一直流传至今，我们不妨采撷几朵，一起感受季刀苗寨独特的文化。

5.1.1　季刀上寨百年古树

关于百年古树，村里老人说后山的古树有几百年历史了，他们小时候古树就是现在这样，几十年来也没有什么变化。现在，村民在过节日的时候或者家里有什么事情时都会到古树下去祭祀，是季刀上寨村民的精神寄托。季刀上寨一直流传着一首赞美百年古树的古歌，歌词的内容为："有棵树在寨子的顶上，两旁有茂密的叶子，一旁保护老人，一旁保护年轻人，一直存在那里千万年，日夜都在那，从来不消失。"

5.1.2　季刀上寨神仙洞

传说在寨子的后山曾经有个大洞。有一天，有个村民不小心掉到洞里，被洞里的仙女救起，没有受伤，后来那个村民回到寨子里，把事情经过告诉寨子里的人。寨子里有个村民听了觉得很稀奇，便找到这个大洞，往下跳，希望被仙女救起，仙女以为是寨子里的人故意来搞破坏，没有理睬他，这个村民大失所望，认为关于仙女的故事是骗人的，便用石头把洞封堵起来，从此便无人去过那里。现在除了寨里的一些老人，没有人知道那个洞在哪里。据说晚上在寨子的对面路上，经常会看到后山有许多星火在飞舞，时而分散，时而集聚，村民说那是仙女在山上闲逛。

5.1.3　季刀上寨牛马脚印

关于牛马脚印，季刀上寨村里有两种说法。一种说法是，从前天上有九个太阳，把地面晒得无水、草木不生。在寨子后山里有个潭，潭里的水一直没有干涸，寨子里的人都纷纷到那里取水喝，天上的神仙也拉着牛马来这里取水喝，因此在那里留下了不可磨灭的牛马脚印。还有另外一种说法，从前有九个太阳，人们生活苦不堪言，于是就去把九个太阳都射下来。因为没有了太阳，地上变得黑暗起来，人们就决定去制造一个太阳，便在今天的牛马脚印处造出来了一个太阳，也留下了这个脚印。

5.1.4　季刀上寨百年步道

百年步道是季刀上寨的主干道，连接寨子的每家每户。村里人传说，在季刀上寨祖先还没有迁徙到这里时，这百年步道就已经有了。先民到这里时，为了保留这些神奇的步道，修建房屋时，都不随便开挖步道。

5.1.5　季刀下寨的传说人物

从前，在季刀下寨有两个武功极高的兄弟。有一天，一群强盗要来扰乱寨子，碰到这两兄弟。经过交流，兄弟俩知道强盗们来者不善，便跟他们说："我们寨子里的人武功极高，你们若不信就先跟我两兄弟比试一下，胜得过我俩，你们就可以进去，比不过你们就不要去了。"强盗们答应了，就跟两兄弟比武，拿头去撞铁铠，看谁把铁铠撞出的洞深。结果，两兄弟把铁铠撞成了个大洞，而强盗们却把自己的头撞出个头印，两兄弟获胜。强盗们不服，他们再去选一块很长的水田，比赛看谁先跑到对面，强盗们拉起裤脚就跑，跑得很快，但两兄弟会轻功，直接踩在稻草上飞过去。强盗们比赛输了，心生恐惧，不敢进入寨子。

5.1.6　高坡柳狗屎

在高坡苗寨流传着一个关于当地英雄柳狗屎的故事。柳狗屎（苗语音译），清代人，能飞能打，武功很高。有一次，他家里要开饭，发现家里盐已用完，他随即飞到凯里去买盐，不一会工夫就能给家人带回了盐。他去远方都喜欢飞腾而去，在飞的过程中他惯用一块有三丈长的白布系在腰间，飞腾起来会在长空中划出一道白线。柳狗屎不仅能飞还会舞枪弄棒。有一次，清朝政府派人到当地压迫农民，柳狗屎安排所有村民躲起来。为了以防万一，柳狗屎另外安排其父亲带领其他人在寨门附近埋伏。为了让埋伏队伍能区分柳狗屎和敌人，柳狗屎身穿白衣，当清政府官兵进入柳狗屎所选的攻击地点时，柳狗屎进行了顽强的抵抗，从早上打到傍晚，消灭了全部敌人，于是他便收拾武器返回。当柳狗屎要进入寨门时，伏击队伍看见一个穿着"红衣"的人走进埋伏圈，便对其进行枪击（伏击手是柳狗屎父亲），随后才发现原来是柳狗屎，他的白衣全部被敌人的鲜血染红。其父痛恨不已，可是已无回天之力，只好悲痛欲绝地将柳狗屎埋葬。为纪念柳狗屎，高坡寨门一带称为狗屎坳。

5.2　传统习俗

5.2.1　满月习俗

在季刀苗寨，当孩子满月时，家长要带孩子去串门，并叫上家族的兄弟和外婆家的客人到家里坐。主人家杀猪、饮酒设宴款待，另备好红鸡蛋和红糯米，一是好看，二则喜庆。在芦笙曲和苗歌的伴奏下，主人家和客人们跳起板凳舞，手执一小木凳，单手或双手相击凳面，节奏强烈而欢快。按当地风俗，必须跳破几条板凳才能停。

5.2.2　婚姻习俗

以前，苗族婚姻关系较自由，当苗寨男青年看上苗寨女青年，双方会约好，晚上男方家煮好糯米饭，叫上几个房族兄弟偷偷去姑娘家约会，但不能让女方家人知道。约会的时候离姑娘家不能太近，若姑娘对小伙子满意就会和小伙子回家，天亮之前要到达男方家。第二天早上通知女方家，双方就可以确定婚姻关系了。

随着现代生活条件的提高，结婚的程序也较多，其主要的步骤有提亲、娶亲、认亲。男方看上某家的姑娘，必须提前到女方家跟女方父母提亲。去时，要叫上家族里面能说会道的几个老人和年轻人，带上一只鸡、一只鸭、猪腿、糯米等作为礼物。要是女方家收了，就是答应；不收礼物，男方家就回家，之后再去提亲。一般去三次，要是去了三次女方家还是不同意，则说明女方家看不上男方。要是女方家同意了，两家就商量好彩礼，之后就选一个吉日举行婚礼。接亲那天，男方派去接亲的男性要用单数，不能用双数，并叫上房族的妇女去接新娘。一般是在前一天的傍晚时去女方家接亲，到女方家吃晚饭，第二天天亮之前，男方家就把姑娘接回家。第二天，男方家叫上房族里的兄弟姐妹还有亲戚过来喝酒庆祝。认亲相当于汉族的回娘家，是由女方家规定时间，让男方家带姑娘回娘家去认亲。认亲时，男方家要还要带上鸡、鸭、鱼、猪等礼物，女方家一般在门前摆桌接应，叫拦门酒。女方家房族人口多，摆的桌子就多，房族少则摆的桌子就少。桌子上必须有十二个碗，碗都用盖子盖着，碗里分别盛有酒、肉、糖、水、糯米，也有的是空碗，男方任选一个碗，碗里有什么就吃什么，吃完才能进门，礼金也要在认亲的时候交给女方家。吃完饭后，男方家就把姑娘再次带回家。认亲是苗族女青年把家庭关系从娘家转为夫家的环节和仪式。

5.2.3　迎客习俗

季刀上寨由于有着丰富的文化资源，成为巴拉河流域的主要旅游村落之一，这几年接待的游客越来越多。在迎接外来的旅客时，季刀上寨也形成了一定的接待程序。如果只有几个游客，一般只会在游客居住的家庭安排欢迎仪式。在游客进家门前，会有苗族姑娘穿着苗族的盛装唱敬酒歌，表示对游客的欢迎，用大碗向游客敬酒，只有喝了酒才能进家门。如果是有很多的游客团队来季刀旅游，那寨子里就集体举行拦门酒活动和表演活动。

首先是三道拦门酒，从巴拉河畔的篮球场开始到古歌堂下的百年粮仓，在这条路上会摆放三张桌子，每张桌子上放有三或四个碗和酒，寨子里不管男女老少都身穿苗族盛装，欢迎游客，见图 5-1。

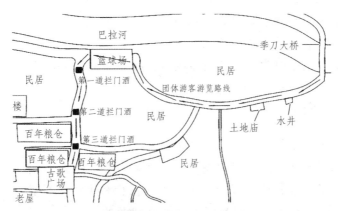

图 5-1　三道拦门酒

　　村民们在路边对立而站，路中间摆放敬客的酒桌，酒桌前有几个吹芦笙的男子，酒桌旁都有三四个本寨的姑娘，身着苗族盛装欢迎游客的到来。到那里的客人，排好队，当男子们吹起芦笙，姑娘们唱起敬酒歌，游客们才能一个个走进来，走到酒桌前，必须先喝一碗米酒。"苗家米酒似琼浆，畅饮开怀笑满堂。入口三杯情意爽，倾壶一滴喷醇香。"①被美丽的苗家姑娘们的热情所感染，有的游客能喝几碗米酒，不会喝酒的，嘴巴沾一下也可进寨。过了第一道酒桌，还有第二、第三道拦门酒桌，这是苗寨盛大的迎客仪式，见图 5-2。

图 5-2　迎接宾客仪式

　　① 宜宾多粮浓香白酒研究院. 中国古今咏酒诗词选[M]. 成都：四川大学出版社，2017：224.

　　穿过百年步道就是古歌堂。在这里，有季刀苗寨的传统舞蹈与苗歌表演，客人们绕着古歌堂坐下，本寨美丽的苗家姑娘们致辞欢迎宾客的到来。古歌堂主要表演三个节目：苗族敬酒歌、芦笙舞和苗族百年古歌。

　　第一个节目是敬酒歌。八个苗族姑娘，身着盛装在古歌堂中间站成一排，纤手端酒碗，甜美歌唱起："来到我苗寨，你定会开怀。美酒敬给你，不喝就莫来。敬你一杯酒，祝君发大财。请你举起杯，干杯多痛快……"姑娘们边唱边各自向游客们敬酒，见图 5-3。第二个节目是芦笙舞，当地人又叫"跳芦笙"或"踩芦笙"。三个苗族男子在队伍前手持芦笙边奏边舞，苗族姑娘跟着芦笙乐曲一边跳舞一边唱歌，气氛欢快，"情切切，意悠悠，清风碧树野花稠。苗家米酒笙歌舞，醉卧新修吊脚楼"[1]。见图 5-4。

图 5-3　敬酒歌

图 5-4　芦笙舞

　　季刀苗寨最有名的节目为唱百年古歌。百年古歌是由寨子里的老人来唱，摆下两张桌子，放上酒杯，老人们依次上场，坐在桌子两旁，开始唱歌，唱的是百年古歌中的《开

---

① 黔东南州诗词楹联学会. 苗山侗水送清音[M]. 贵阳：贵州人民出版社，2016：155.

天辟地》:"Hfuddongddliel lot ot, Muxhxibdolbongt wat; Nangxghaibbil dot dangt, Bangxvobbil dot cait……"[①]老人们唱完后再依次向对坐者敬酒，然后古歌表演就结束，见图 5-5。

图 5-5　表演百年古歌

有时候活动中还会有铜鼓舞。表演结束后，游客们一般就在村寨里自由走走看看。

---

① 贵州省少数民族古籍整理出版规划小组办公室. 苗族古歌[M]. 贵阳: 贵州民族出版社，1993: 3.

5.3 民间信仰

苗族的族属渊源，和远古时代的"九黎""三苗""南蛮"有密切关系。[①]苗族同其他兄弟民族一起共同缔造了灿烂辉煌的中华文化，盛襄子在其著作中论述苗族对中国文化有五大贡献：一是发明农业；二是神道设教；三是观察星象；四是制作兵器；五是订定刑罚。[②]大量历史文献记载和苗族口碑资料证明，苗族是中国最早的农耕民族之一。由于苗族在很长的历史时期是一个农耕民族，而且苗族的民间信仰受大多数乡民的支撑并与他们的生活密不可分，所以，苗族的民间信仰长时间带着浓厚的农业色彩。苗族民间信仰十分丰富，在日常生活中有诸多表现。

5.3.1 土地庙

土地是贵州苗侗地区最广泛的神灵崇拜，土地有很多，除了各家的神龛里供奉着土地的牌位，苗寨的其他地方仍然可以看到土地神。各位土地都有自己的地域和管辖范围，如在自家院坝路口的叫"门头土地"；在道路边的叫"路边土地"；统管整个村寨的叫"寨头土地"……土地神在苗侗地区一般住在土地屋、土地庙里，土地庙和土地屋建筑简单，一般由几块经过挑选的石头架设而成，这里的石头成了土地神的化身，被苗民赋予神性。

在季刀上寨有两个土地庙，隔着巴拉河对立而建。据村里老人介绍，村里两个土地庙很早就建好了，在他出生时两个土地庙就存在，庙里有三块石头，两旁的石头要比中间的矮一点，在每个土地庙里有参与修建土地庙的村民姓名，每逢过年过节都有村民到那里去祭拜，见图 5-6。村民介绍说：位于村寨寨门脚下的土地庙用来保佑寨子里的人外出平安；而在寨子里面的一个土地庙用来保佑寨子里的人在家平安顺利，寨子风调雨顺。

图 5-6 土地庙

---

① 黔东南苗族侗族自治州地方志编纂委员会. 黔东南苗族侗族自治州志民族志[M]. 贵阳：贵州民族出版社，2000，7：第 9 页。

② 吴荣臻. 苗族通史（一）[M]. 北京：民族出版社，2007：2.

5.3.2 神龛

苗族认为祖先虽已不在世，但其灵魂却与子孙同在，祖先是最值得信任的宗族与家庭保护神。苗族一般在堂屋设置神龛（祖先灵魂的居所），当地人也称为"香火"，供奉祖先神灵，以传达对祖先神灵的尊重并祈福求吉。季刀苗寨的神龛主要有以下三种形式：有字神龛、无字神龛和原始纸质神龛。

1. 有字神龛

在季刀苗寨民居里，在堂屋正后面立有神龛。该神龛由两部分组成，上面是红纸书写的祖先牌位，下面是土地神位，见图 5-7。在立神龛时，请当地的鬼师来做法事。以前，苗民在日常用餐前，特别是家里有好吃好喝的，户主必先夹饭菜、倒酒水于地祭献祖先，然后说类似的话："今天有好菜，祖先们来吃吧，我们有好吃的、好喝的，不忘记你们，你们也要记得保佑我们哦。"随着时代的进步和人民的生活水平的提高，人们几乎每天能吃到肉，每次饭前都祭祖太麻烦，所以日常祭祖风俗慢慢淡化。

图 5-7　有字神龛

2. 无字神龛

季刀苗寨还有一种神龛也是安放在堂屋的，这种神龛没有任何文字，只是在堂屋后面墙上或墙角安放可以放香炉的木案，在墙上贴有祭祀的符纸，见图 5-8。苗民一般在过年、较重要的节日或家有喜事（婚嫁、添子等）时会先祭祀祖先，香火不断，祭品较日常更丰盛。

图 5-8 无字神龛

3. 原始纸质神龛

在季刀苗寨，还有些居民把神龛放在火塘房的门对面的墙角处，用黄纸剪成凸状再画上符，下面放了一个用竹子做的拱桥，再缠上彩纸，据说这是生苗①的神龛，见图 5-9。

图 5-9　无字神龛

5.3.3　葬礼习俗

在季刀苗寨，家里老人去世（寿终），家里面的孩子们都不能在家光着脚，这样对逝去的老人不尊重。主人家都要请芦笙舞团队来跳芦笙，嫁出去的女儿也要请芦笙舞团队，并送一头猪。出殡时，也要吹芦笙和跳芦笙舞。

在外地过世的老人，不能带进家门，只能停放在家门外，在外面搭个小棚，过时也是土葬，不能火化。要是正常逝世的，要请鬼师来做个小神龛，将神龛设于房屋外壁，见图 5-10，逢年过节对其祭拜也到家门外进行。

图 5-10　小神龛

---

① 生苗，是明清时期对居住在偏僻地区发展较落后苗民的称呼，其受汉文化影响较小。

5.3.4 敬 桥

敬桥，又称"祭桥"。苗寨中各个家族都有自己的桥，它们散布在苗寨四周、自家房前屋后。桥有大用小，有木桥也有石桥，有堂屋桥、门口桥、屋基桥、土头桥等。每年农历"二月二"苗寨就敬桥，过祭桥节。这一习俗民间流传已有千年历史。将彩纸扎成花圈插于桥头（图5-11），祭以白酒、公鸡等，焚香点烛烧纸钱，将桥修补好，意为"修阴功，积阴德"。[1]这些桥虽不起眼，但由于铺在田间地头和村寨周边，方便了人们的出行。敬桥这一风俗现在大多数苗族村寨还较普遍。祭桥的仪式简单又不失隆重。简单的，在桥上摆上酒、腊肉、糯米饭、红蛋等供品，在桥上填上些用红、黄、绿彩纸剪成的纸钱，烧些香纸烛就算结束；隆重的，整个家族陆续达祭祀点并以家庭为单位各自完成祭祀后，还要把各家送来的祭品集中起来，就地围在一起喝酒吃饭，共同在喜乐的气氛中缅怀祖先的功德。

图 5-11　苗民敬桥场景

祭桥时，凡过往的路人都会被邀请喝上一杯酒、吃上一片肉，送上一坨糯米饭、一两个红蛋或几粒糖果，如果你愿意，还可以参加他们的欢庆活动。对他们送来的东西最好不要拒绝，因为在他们的眼里，有人从祖先留下的桥上经过，表明祖先的善举得到了世人的认可，发挥了应有的作用，他们会为此感到自豪。如果你接受了他们盛情，也就是对他们祖先的尊重，他们会感到由衷的高兴。特别是新建的桥，主人会把第一个从桥上经过的人视为贵人，会给予最热情的款待。听老人们说，以前平时家里孩子不舒服，苗民也会来敬桥，现在大多会去医院治疗。敬桥其实是苗民为求子、保佑孩子平安健康的心理期望与寄托。有的桥因为修路或者其他原因，已经看不到了，但村民仍然会在桥的原址上举行敬桥仪式，见图5-12。

图 5-12　老地方祭桥

---

① 贵州省凯里市地方志编纂委员会. 凯里市志（上）[M]. 北京：方志出版社，1998：196.

5.3.5　干凳喜（苗音）

干凳喜（苗音汉译）是季刀苗寨这一带为孩子祈福的一种民间活动。取带根的竹子几根，这几根竹子要求每一小节长度一样，竹子的整体高度也是一样。再用两个鸡蛋、两条鱼、糯米、香纸、酒等祭祀，并把小孩的衣服给鬼师称重量，如果达不到所要的重量，则由鬼师借命。最后，得有十二户人家做法事。另外，还需准备十二个鸡蛋、十二坨糯米饭、十二碗酒、十二个小纸人、一盆甜酒、一根旗子、一头猪、一个纯棉布袋等，鬼师做好法事后，把这十二个小纸人添在堂屋的柱子上，见图 5-13。

图 5-13　干凳喜（苗音）

5.3.6　庚哈在（苗音）

庚哈在（苗音汉译），当地人也叫"白虎"。一般在堂屋前檐柱挑枋上拴一束用木削成的镖、刀、箭等及小白纸旗，当地苗民认为可驱恶除邪，消灾免难[1]，促进家庭成员和睦相处。季刀苗寨做的白虎一般是鬼师看家里面有多少牲口就绑上多少根木条，无论是什么木条都可以，然后把生鱼插在木条上，鬼师对着念经，念完后将其挂在檐柱挑枋上，见图 5-14。

图 5-14　庚哈在（苗音）

---

① 贵州省麻江县志编纂委员会. 麻江县志[M]. 贵阳：贵州人民出版社，1992: 163.

5.3.7 功德碑

树碑立传是我国的一种特殊的文化现象，是中华民族传统文化的组成部分。[①]功德碑是记录对社会有功之人或事的碑，以歌功颂德，让后人景仰。在苗寨也可以看见功德碑。在寨口的季刀小学，就有一个功德碑，记录了季刀下寨潘万贤对季刀小学的捐赠善举；在季刀下寨后山旁也有一块功德碑，记载了潘万军出资修路的事迹。

5.4 非物质文化遗产

5.4.1 百年古歌

百年古歌在季刀上寨有着悠久的历史，是季刀上寨举行隆重的聚会时一项重要的项目，见图 5-15。古歌的内容一般是记录苗族历史由来和重要的事件，最为典型的苗族古歌，包括《开天辟地》《运金运银》《打柱撑天》《铸日造月》《枫香树种》《犁东耙西》《栽枫香树》《砍枫香树》《妹榜妹留》《十二个蛋》《洪水滔天》《兄妹结婚》《跋山涉水》等十三篇，是口传苗族历史。除了苗族古歌外，还有吃新古歌、苗年古歌等也在季刀上寨广为传唱。

图 5-15　古歌队表演

古歌的传承一般是口头相传，1949 年前，几乎没有文字记录。改革开放后，随着对民族文化越来越重视，许多学者将各种类型苗族古歌进行了收集整理，形成了文字记录，有助于对苗族古歌的保护和传承。百年古歌内容和种类很多，主要唱的是开天辟地歌（苗

---

① 王俊. 中国传统民俗文化：中国古代墓志铭[M]. 北京：中国商业出版社，2017：52.

族古歌），一般在重要的节日、活动时都要唱。百年古歌包含各种类型的苗歌，可以适应不同的场合，如看望老人时要唱祝寿歌，孩子满月时要唱满月歌，立房子时要唱立窗立房歌等。苗族歌曲唱法有讲究，一般主人家摆好酒桌，先由客人来唱，主人家来接，交互进行。

目前，季刀附近的小学并没有将古歌纳入课堂，其传承主要还是以村寨教育为主。季刀上寨潘年武老师曾经组织过村民一起学习古歌，由于越来越多村民出外打工，村子里年轻的人越来越少，而留下的村民也渐失积极性，古歌传承就面临后继乏人的状况。潘年飞老人今年已经 79 岁高龄，家族世代唱古歌，祖祖辈辈把古歌流传下来，这些年一直担任季刀苗族古歌队队长，经常带领村里古歌队参加比赛，见图 5-16，曾参加 2015 年苗年节西江苗歌大赛并荣获二等奖。潘年飞老人说现在季刀上寨古歌队还是依靠他们这些老人来支持，年轻人会唱的很少。

图 5-16　古歌队队长

5.4.2　苗族刺绣

苗族刺乡，简称"苗绣"，是指苗族民间传承的刺绣技艺，苗族的刺绣艺术是苗族历史文化中特有的表现形式之一，是苗族妇女勤劳智慧的结晶。[1]刺绣的针法多样，有平绣、

---

[1] 杨军昌，徐静. 黔东南苗族侗族自治州卷：贵州省非物质文化遗产田野调查丛书[M]. 北京：知识产权出版社，2018：141.

缠绣、贴花绣、打籽绣、堆花绣、钉线绣等。在季刀上寨，流传下来的苗族刺绣技艺最有名的是双针绕线绣。此绣法苗女认为历史悠久，有的说是最古老一种刺绣技艺，主要用来制作苗族的盛装。双针绕线绣首先选用上好的布料，用剪刀剪成所需要的大小和形状，根据需求在布料上画所需要的图案，后用针线跟着图案开始绣（技术娴熟者不需画图，下针即绣），见图 5-17。

图 5-17　双针绕线绣

刺绣在季刀上寨是每位家庭女性必须学会的技能，一般女孩在十岁左右就开始向母亲、奶奶等家人学习刺绣。而刺绣的目的是制作苗族服装，这些服装都是出席活动的盛装，例如苗年穿的盛装和结婚时的嫁妆。苗族女性的刺绣的图案反映了她们的审美观和对美好生活的追求，例如：蝴蝶体现苗家对蝴蝶妈妈的敬仰，花象征少女和美好的事物，鱼象征子女繁衍，石榴象征子孙兴旺，鸟象征自由和快乐，钱币象征富贵[1]……

在季刀上寨有个绣娘杨莉英，她从小跟着母亲学习刺绣，目前刺绣三十多年。在杨莉英家里，她展示了她刚完成的苗族盛装上衣（图 5-18 左图）和一件家里传承下来据说有两三百年历史的苗族盛装（图 5-18 右图，仅展示了上衣）。在传统苗族家庭里，女儿没有财产继承权，女儿在物质上从娘家得到的主要是出嫁时父母为之备办的银饰和盛装。盛装一般只传给女儿。目前，苗族刺绣在市场上的价格较高，一般的服饰（非盛装）可卖到一千元以上，而盛装能卖到一万元以上。苗族盛装的制作技艺复杂，纯手工制作耗时，一般一套成品需要一年以上的时间。杨莉英家里传承很久的那套盛装曾有人想出高价购买，被她婉言拒绝。

现在年轻一辈大多外出打工和学习，随着生活的日益丰富化与现代化，年轻人大多对刺绣的兴趣不浓。另外，由于生活的快节奏，人们已难以静下心一针一针地绣。苗绣这项国家级非物质文化遗产也与其他"非遗"一样遇到传承的困境。对于如何传承苗绣，政府也越来越重视，常常派遣专业的指导老师给村民们上课，村里也向外界接收订单分配任务给愿意刺绣的村民们，然后村里按劳分红。村里还建了一个陈列馆，用于陈列一些比较有纪念意义的物件，其中就有苗绣作品。中国宋庆龄基金会也在贵州组织刺绣比赛。这些举措在一定程度上促进了苗绣的传承。

---

① 杨军昌，徐静. 黔东南苗族侗族自治州卷：贵州省非物质文化遗产田野调查丛书[M]. 北京：知识产权出版社，2018: 144.

图 5-18　苗女上装展示

5.4.3　苗族医药

黔东南得天独厚的自然环境孕育了丰富的药材资源，苗药以品种多、产量大、无污染、药效奇、品质好而著称，其中骨伤蛇伤疗法和九节茶药制作工艺被列入国家级第二批非物质文化遗产名录。①苗医对病因的认识较为朴素，认为是季节气候、外来毒素等所致，现已基本摆脱了神鬼巫术的桎梏，诊断病情主要通过望、号、问、触。

在季刀苗寨，有个草药医师叫黄正生，八十五岁高龄依然像年轻的男子一样充满活力，据其子黄正银说，他家的苗族草药是家族传承下来的，其祖公就是苗医，主要用草药治病，祖公将其传给他的父亲。现在，黄正生老人依然能上坡做活路，黄老做的草药主要是治疗肺结核病，除此之外，还有一些轻微的脑出血、牙疼、高血压、肚子疼（胃痛）等都可以治疗。老人曾救过上百人，除本寨子外，还有其他地方的都来找黄老，包括剑河、台江、雷山等地。要是有人有病来找医师，医师先当天配一些草药给病人吃。若是病人发觉病情有点好转，医师就再配一些草药给病人带回家吃。病人痊愈后，就带点糯米、肉、酒到医师家以表谢意。

5.5　传统节日

季刀苗寨地处"百节之州"的黔东南，这里民族节日众多，有苗年、吃新年、鼓藏节、翻鼓节、爬坡节、芦笙节、姊妹节、粽粑节、招龙节、四月八等，丰富多彩的节日

---

① 杨军昌，徐静. 黔东南苗族侗族自治州卷：贵州省非物质文化遗产田野调查丛书[M]. 北京：知识产权出版社，2018：230.

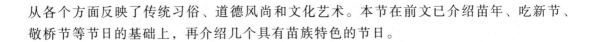

从各个方面反映了传统习俗、道德风尚和文化艺术。本节在前文已介绍苗年、吃新节、敬桥节等节日的基础上，再介绍几个具有苗族特色的节日。

5.5.1　鼓藏节

鼓藏节又叫祭鼓节，是苗族属一鼓（即一个支系）的支族祭祀本支族列祖列宗神灵的大典，俗称吃鼓藏，是苗族典型而古老的祭祖活动仪式，有筹备、醒鼓、接鼓、祭鼓、送鼓等程序，其中祭鼓是苗族祭祖的核心程序和核心仪式。[①]在苗族聚居区，鼓藏节一般每13年举办一次，每次持续达3年之久。现在雷山县、榕江县等苗寨还过此节日。由于鼓藏节的程序烦琐、时间长、耗资大，新中国成立后，季刀苗寨对外宣称基本不过鼓藏节。

5.5.2　挂清

在季刀苗寨，挂清是非常隆重的节日，一般家族里的人员都要回来，给逝去的亲人扫墓，要是老人刚过世的，去挂清的要连续三年做法事。挂清作法事是很隆重的，要杀一头猪、一只白公鸡，用五条生鱼插在尖木条上，另外还用五根木条（倒着插），其中三根是夹着鬼师用纸剪好的小纸人，用松树做成"T"字形的架子，上面挂着作法需要的东西，用三根大点的叶片来祭拜，主要用来放点肉、糯米，以此肉和糯米不脏。把糯米和肉分别分成五坨，等鬼师做完法事，念完经，拜好祖先，还要把这些拿给来挂清的人们吃。要是需要做法事的（三年），则提前几天去挂清，叫上整个房族，如果是不需要做法事的，就统一在挂清那天，且每家只要两个人即可，大家一起带上祭品去先人墓前进行祭祀。

5.5.3　扫　寨

季刀苗族扫寨是一种集体防火保寨的民间习俗节日，又称"扫火星""洗寨"。苗族吊脚楼民居新中国成立以前是以杉木为柱、杉板为壁、杉皮为瓦，火神对于苗民而言既可亲又可怕。为了保住家园，苗民向火神献上虔诚的敬畏，在巫师的带领下开展具体的祭祀活动。一般在过完苗年后的农历十一月至十二月期间择日举行，因为这个时间段雨水少，气候干燥，易引发火灾。时至今日，扫寨在传承中也发生着改变，祭祀活动少些，但仍要求全寨各家各户大扫除，并进行"封寨"，封寨期间，严禁用火，并对村民进行防火教育。扫寨是一年一度的安全大检查、消防总动员，同时又是全寨集体活动日。扫寨当天要杀牛祭祀，作完法完后大家在寨子外（一般选择河滩处）就地用石垒灶，一起野炊共餐，酒歌阵阵，热闹非凡。吃饱喝足后，擦干净嘴巴，吃不完的不能带回家，一般倒在河里，将其跟着"火鬼"回到苗族先民居住的东方去。月光下，寨外旁，苗民彼此

---

① 雷秀武，龙初凡. 传承民族的载体 模塑民族心理的平台：黔东南民族文化传统节日人类学考察[M]. 北京：中国文史出版社，2013：114.

祝福："来年火不烧寨，水不冲田，家家打谷一百二十仓，人人活到一百二十年。"

5.5.4　爬坡节

在季刀的高坡苗寨有一个传统节日是爬坡节，关于爬坡节的由来村里人说法有三：一是为了让一直忙于农活的山里人去踏春休闲下。二是说从前有一个人闲着没事爬到后山的乌流坡上练习摔跤，摔跤技术也越练越好，这个消息慢慢地在十里八村传开，人们就爬上乌流坡上观看这个人摔跤，后来就逐渐演变成了爬坡节。三是说朗德村和高坡村在很早以前在乌流坡上举行摔跤比赛，而比赛的时间是在农历三月的马场天，这个时候就有许多村民爬上乌流坡观看比赛。

以前，季刀苗寨这一带爬坡节会举行摔跤比赛，观看者人山人海，男男女女欢聚山岗，对唱情歌，共同联合，成为择偶的好时期。随着岁月的变迁，择偶方式与标准的多样化，现在的爬坡节村民们主要是踏春休闲娱乐，开展斗鸟、唱山歌、拔河、捉鱼、斗牛等活动。节日时期，来自四面八方的亲戚、游客慕名而来，热闹非凡。商家和一些小商贩也会趁人多来做些生意。这几年国家对于民族文化越来越重视，高坡苗寨想将爬坡节打造成特色村寨的一个亮点，作为主办方组织村民捐钱开展活动，见图 5-19。

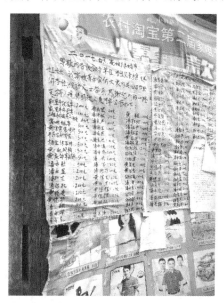

图 5-19　高坡苗寨爬坡节捐款

第6章　学校教育与文化传承

6.1　学校教育

　　人类的教育受环境影响，环境主要分为自然环境与社会环境。明永乐十一年（1413年），思州宣慰司学改为思州府学，这是黔东南历史上第一所官办学校。[①]此后，在黔东南地域先后设立了一些府学、州学、县学、卫学和社学。但是生活在大山深处，巴拉河畔的季刀苗家人，明清时期地处生苗界内，远离政治中心，交通不便，信息闭塞。能进入学校接受教育的是少之又少。苗民靠山吃山，发展了集农、林、渔、猎、采于一体的复合型山地生计类型，在艰苦的自然环境中塑造了他们吃苦耐劳、豪爽简朴、喜好歌舞、不屈不挠的性格。在封建社会与民国时期，巴拉河畔的季刀苗民接受的教育形式以家庭教育和村寨教育为主，教育内容以生产知识与技能、伦理道德与礼仪、民族风俗与习惯为主，教育方法以口耳相传、言传身教为主，教育者以家庭中的父母、村寨中的长者与能者为主。

　　新中国成立后，特别是改革开放之后，随着学校教育的不断发展，更多的苗族子女进入幼儿园、小学、中学，甚至大学接受完整而系统的教育。但是由于基础薄弱，起步较晚，地处经济和教育等欠发达的地域，季刀苗寨及周边的学校教育水平还有较大的提升空间。

6.1.1　高坡幼儿园

　　高坡幼儿园原是高坡小学（只有三个年级），坐落于高坡苗寨的村头，主要由一栋教学楼和一栋办公楼组成。高坡小学在2010年的时候被合并到平乐小学，高坡小学就变成了幼儿园，见图6-1。

图 6-1　高坡幼儿园

---

① 黔东南教育志，第1页。

6.1.2　季刀小学

季刀小学位于季刀大桥的桥头，生源主要来自季刀上寨和下寨，原来是村小，属于"不完全小学"。季刀小学在办学期间的办学规模不大，主要有学前班、一年级到三年级，生源最多的时候一个年级有两到三个班，一个班有六十多个人。一个班基本上只有一位老师负责直至毕业。季刀小学对学生教学的内容主要以语文和数学为主，其他的科目没有课时。后来随着生源的减少，2010 年之后季刀小学停办，与高坡小学一起合并到平乐小学。寨子里的小孩就到对面半山的平乐村村委会所在地的平乐小学上学。

6.2　季刀上寨的名人

受民族地区教育滞后的影响，从季刀苗寨走出的名人较少。经查询由黔东南苗族侗族自治州地方志编纂委员会编写的《黔东南苗族侗族自治州·人物志》(1990 年版)，没有发现来自季刀苗寨的名人。通过对季刀苗寨的田野调查，苗民说出了本寨较有名气的人物。

6.2.1　退伍老兵——潘年科

在季刀下寨里有一位参加过抗美援朝的老兵：潘年科，1937 年生，1950 年参军。其房屋门口悬挂着"光荣军属"的牌匾，在堂屋的墙上挂着他穿着军装的照片，见图 6-2。目前，老人的儿女都在外工作，家里就只有老伴和孙子。老人现在身体依然很健康，家里的农活都是由两个老人完成的。

图 6-2　退伍老兵——潘年科

6.2.2　小学教师——潘年武

潘年武是季刀上寨村寨里的小学老师，是村里少有的文化人。潘老师 1965 年参加工作，首先是在季刀小学任教，后被调至平乐小学，直至 2014 年光荣退休。潘老师说，由于他的大伯父（读书人）英年早逝，家族里的人读书不顺，故反对其上学。潘老师不顾家里人反对，克服了诸多困难之后，考取省电子学校，顺利毕业。潘老师任教期间不辞辛苦，其工资待遇并不高，在讲台上坚持三十九载，最终评上了小学高级教师。退休后潘老师开始着手开发村寨的旅游业，曾经组织了一个农村旅游协会，制定了一系列村规民约，这些举措取得了较好的效果。季刀上寨这几年旅游发展越来越好，许多企业和游客慕名而来，潘老师经常与一些国内外的业内人士交流。在一次省旅游局的乡村旅游交流会上，潘老师谈了自己对季刀上寨的发展旅游业的想法，得到了省旅游局的支持。潘老师希望能在村里建造一家乡村旅馆，所得收入供季刀苗寨的旅游业发展，但是目前一直没有实现。潘老师现在自己家里开了个民宿，而且经常参与季刀上寨的表演活动，为季刀上寨的教育与旅游作出了贡献。

6.2.3　出资修路——潘万军

潘万军，男，1966 年 5 月出生，季刀下寨人。经过多年的努力和奋斗，他在事业上有了一定的成就。他投资 26.8 万元人民币，为家乡修建了一条长 4800 米、宽 2 米的公路和停车场。此举实现了父老乡亲通生产公路的愿望，改善了家乡的生产生活条件。季刀下寨全体村民为感谢潘万军对家乡作出的贡献，于 2012 年 11 月 17 日为其立功德碑，见图 6-3。

图 6-3　潘万军的功德碑

6.2.4　捐资助学——潘万贤

潘万贤，男，1937 年 1 月出生，季刀下寨人。1962 年毕业于贵州大学中文系，曾任麻江中学教导主任，县政协副主席。1985 年调入州民管校任校工会主席、高级讲师，长期从事教育工作，获得过"省优秀教师"光荣称号。潘老师爱好文学，1994 年开始在全国各报社发表小说、散文等。1997 年退休后坚持笔耕，先后在国家各种报刊上发表 30多万字的小说和散文。1996 年出版小说集《爱情三部曲》20 多万字，2000 年出版散文集

《秋叶颂》10 万多字。2000 年 9 月 13 日，他把稿费一万一千元捐给季刀小学作为奖学金，鼓励家乡的孩子们努力学习，将来成为有用之才。2000 年 10 月，经学校研究决定，在季刀小学给潘老师立"功德碑"以示纪念，见图 6-4。

图 6-4 潘万贤的功德碑

6.2.5 文化传承：《苗族实物标本图例》

2006 年，凯里市三棵树镇教师退协会组织老师编写了《苗族实物标本图例》作为黔东南州州庆的献礼，这本图例由许士德设计、潘年兴（原平乐中学教师）绘制，见图 6-5，现存于潘年飞[①]老人家。

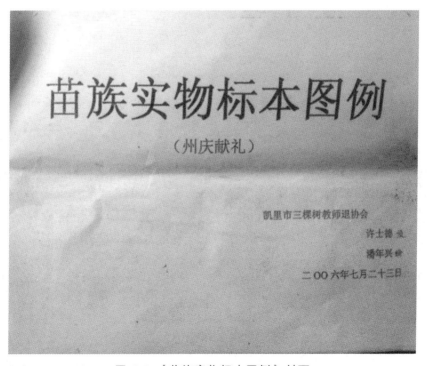

图 6-5 《苗族实物标本图例》封面

---

① 潘年飞是潘年兴的堂弟。

《苗族实物标本图例》共 12 张图，内容涉及季刀上寨全景、苗族古楼、苗族银饰、娱乐用具、苗家生活用具、苗族古朴衣物、苗家手工棉布机、苗家农耕具、捕鱼工具、捕鸟工具、苗族碾米用具等，反映了苗族传统生产与生活的方方面面，是了解季刀苗民传统生产和生活的重要资料，具体见图 6-6~图 6-17。

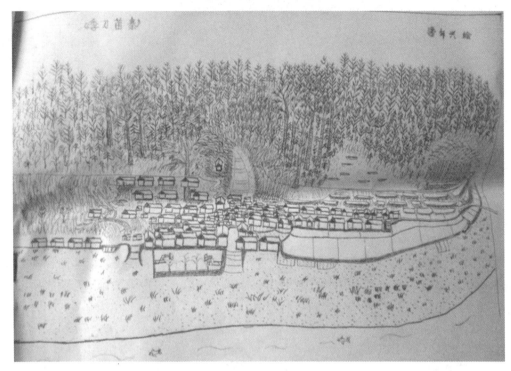

图 6-6　季刀苗寨全景图（潘年兴绘）

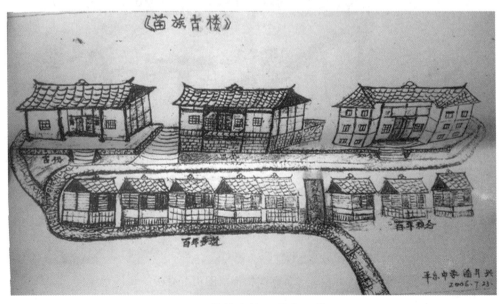

图 6-7　苗族古楼（潘年兴绘）

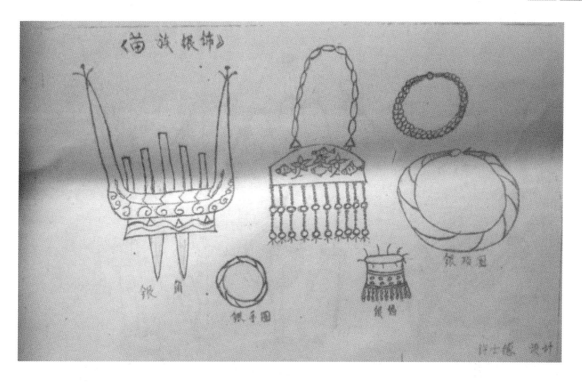

图 6-8　苗族银饰（潘年兴绘）

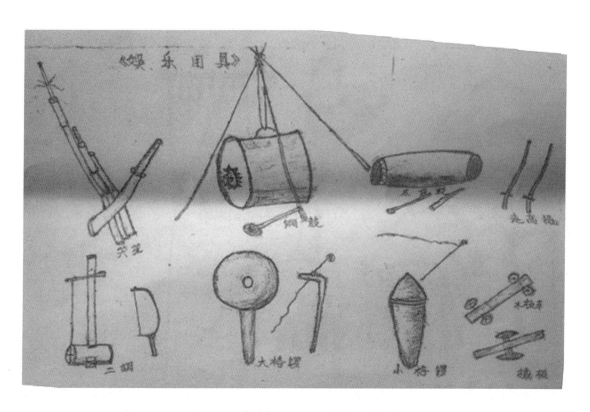

图 6-9　苗族娱乐用具（潘年兴绘）

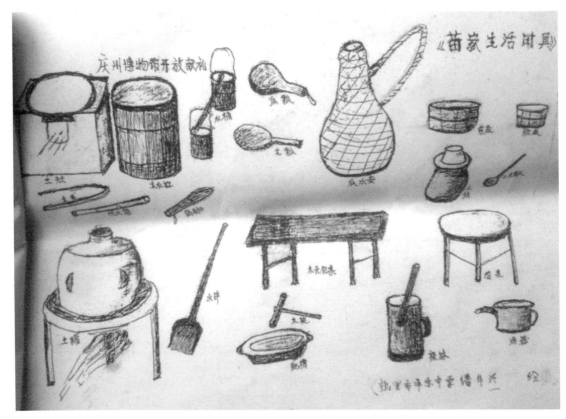

图 6-10 苗家生活用具（潘年兴绘）

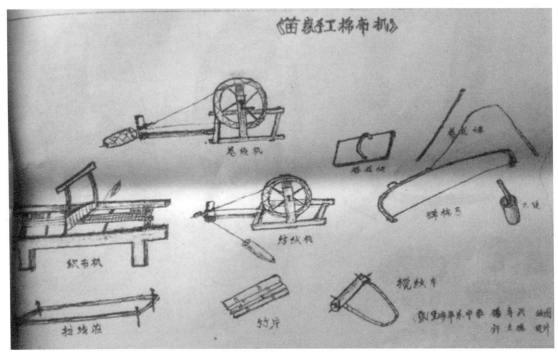

图 6-11 苗家手工棉布机（潘年兴绘）

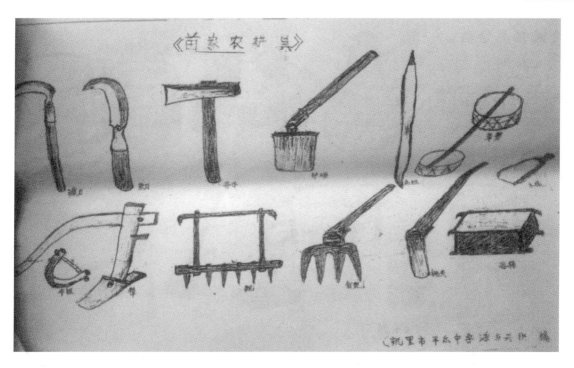

图 6-12　苗家农耕用具（潘年兴绘）

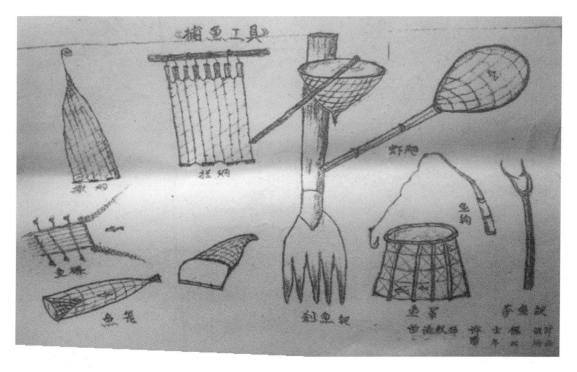

图 6-13　苗族捕鱼工具（潘年兴绘）

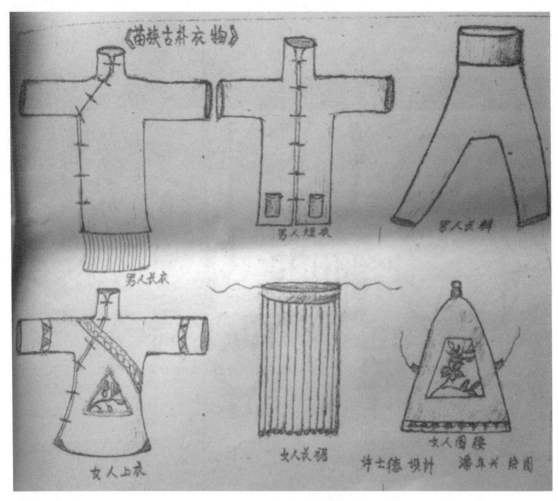

图 6-14　苗族古朴衣物（潘年兴绘）

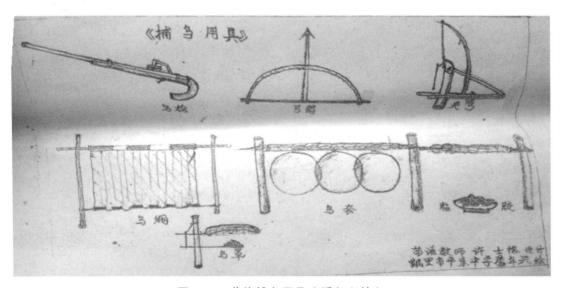

图 6-15　苗族捕鸟用具（潘年兴绘）

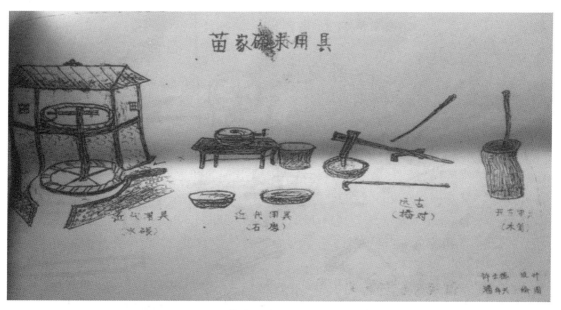

图 6-16　苗家碾米用具（潘年兴绘）

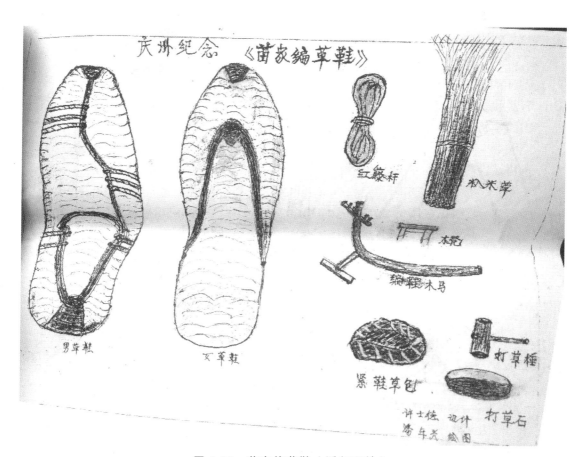

图 6-17　苗家编草鞋（潘年兴绘）

参考文献

[1] 冯维波. 重庆民居（上卷）：传统聚落[M]. 重庆：重庆大学出版社，2017.

[2] 人民网. 黔东南州共有 409 个村落被列入中国传统村落名录[EB/OL].（2018-12-28）. http: //gz. people. com. cn/n2/2018/1228/c383899-32465212. html.

[3] 贵州省凯里市地方志编纂委员会. 贵州省凯里市志 1991—2007[M]. 北京：方志出版社，2016.

[4] 凯里市人民政府. 贵州省凯里市地名志[Z]. 内部发行，1989.

[5] 龙初凡. 我们的家园：黔东南传统村落[M]. 北京：文化艺术出版社，2015.

[6] 巴拉河畔的一颗明珠：季刀[N]. 黔东南日报，2015-11-13.

[7] 刘必强. 神奇的节俗：黔东南民族传统节日[M]. 贵阳：贵州人民出版社，2008.

[8] 黔东南苗族侗族自治州地方志编纂委员会. 黔东南苗族侗族自治州民族志[M]，贵阳：贵州人民出版社，2000.

[9] 高坡苗寨《潘氏家谱》手抄本.

[10] 曹昌智，姜学东，吴春，等. 黔东南州传统村落保护发展战略规划研究[M]. 北京：中国建筑工业出版社，2018.

[11] 李先逵. 苗居干栏式建筑[M]. 北京：中国建筑工业出版社，2005.

[12] 麻勇斌. 贵州苗族建筑文化活体解析[M]. 贵阳：贵州人民出版社，2005.

[13] 王展光，蔡萍. 黔东南民族建筑木结构[M]. 成都：西南交通大学出版社，2019.

[14] 罗德启. 贵州民居[M]. 北京：中国建筑工业出版社，2008.

[15] 张良皋. 匠学七说[M]. 北京：中国建筑工业出版社，2002.

[16] 王贵生. 黔东南苗族、侗族干栏式民居建筑差异溯[J]. 贵州民族研究，2009，29（3）：78-81.

[17] 王展光，蔡萍，彭开起. 当代黔东南苗族民居平面的改变[J]. 重庆建筑，2018，181（17）：12-14.

[18] 左书才. 木工实践[M]. 南昌：江西人民出版. 1973.

[19] 路玉章. 木工雕刻技术与传统雕刻图谱[M]. 北京：中国建筑工业出版社，2000.

[20] 彭咏. 黔东南苗族侗族民族民间工艺美术教程[M]. 成都：电子科技大学出版社，2008.

[21] 宜宾多粮浓香白酒研究院. 中国古今咏酒诗词选[M]. 成都：四川大学出版社，2017.

[22] 黔东南州诗词楹联学会. 苗山侗水送清音[M]. 贵阳：贵州人民出版社，2016.

[23] 贵州省少数民族古籍整理出版规划小组办公室. 苗族古歌[M]. 贵阳：贵州民族出版社，1993.

[24] 吴荣臻. 苗族通史（一）[M]. 北京：民族出版社，2007.

[25] 贵州省麻江县志编纂委员会. 麻江县志[M]. 贵阳：贵州人民出版社，1992.

[26] 王俊. 中国传统民俗文化：中国古代墓志铭[M]. 北京：中国商业出版社，2017.

[27] 杨军昌，徐静. 黔东南苗族侗族自治州卷：贵州省非物质文化遗产田野调查丛书[M]. 北京：知识产权出版社，2018.

[28] 雷秀武，龙初凡. 传承民族的载体 模塑民族心理的平台：黔东南民族文化传统节日人类学考察[M]. 北京：中国文史出版社，2013.